全国职业院校技能大赛
中职服装设计制作竞赛推荐教材

服装工艺单指导手册

陈桂林　著

中国纺织出版社

内 容 提 要

本书依托富怡服装工艺单软件V1.0版本（简称富怡TDS）为基础平台，全面系统地介绍富怡服装工艺单软件的最新技术，着重介绍如何利用富怡服装工艺单软件进行服装款式图绘制、工艺单编写等操作。本书按照服装企业工业化模式进行编写，并配有服装款式图、服装规格尺寸表、工艺说明、工艺注意事项、面辅料使用情况等，再结合富怡服装工艺单软件的各种功能，以具体的操作步骤指导读者进行服装工艺单的编制。

本书立足于现代服装企业生产实际，以国内外先进管理理念为依托，充分结合理论与实践，并以服装企业工艺单为案例，具有一定的实用性和高效性。通过不同类型服装的工艺单实训，加深读者对所学服装知识的理解和对服装企业实际生产过程的了解，使读者初步掌握服装工艺单编制的实际操作技能，提高读者的全面素质和职业能力，为今后进入服装行业中工作奠定基础。

本书作为全国职业院校技能大赛中职服装设计制作竞赛的推荐教材，特别针对备赛选手讲述了技能模块化训练和心理素质训练相关知识。

同时，本书既可作为大中专服装院校师生、服装企业技术人员、短期培训学员的学习教材，也可作为服装企业提高从业人员技术技能的培训教材，同时对广大服装爱好者也有参考价值。

图书在版编目（CIP）数据

服装工艺单指导手册 / 陈桂林著 .—北京：中国纺织出版社，2013.5
全国职业院校技能大赛中职服装设计制作竞赛推荐教材
ISBN 978-7-5064-9652-0

Ⅰ.①服… Ⅱ.①陈… Ⅲ.①服装设计—计算机辅助设计—中等专业学校—教材 Ⅳ.① TS941.26

中国版本图书馆 CIP 数据核字（2013）第 067842 号

策划编辑：宗 静 华长印 责任编辑：宗 静 特约编辑：付 俊
责任校对：王花妮 责任设计：何 建 责任印制：何 艳

中国纺织出版社出版发行
地址：北京市朝阳区百子湾东里A407号楼 邮政编码：100124
邮购电话：010 — 64168110 传真：010 — 64168231
http://www.c-textilep.com
E-mail:faxing@c-textilep.com
北京通天印刷有限责任公司 各地新华书店经销
2013年5月第1版第1次印刷
开本：787×1092 1/16 印张：10
字数：181千字 定价：32.00元 （附赠富怡TDS安装网络资源）

序

工艺制单是服装企业重要的生产技术文件之一，对指导服装工艺生产、优化工序流程、提高产品质量起到了重要的保障作用。近日，陈桂林老师送来他的新作《服装工艺单指导手册》书稿，请我提意见并代为作序，因为现在市面上类似的书籍种类非常之多而内容大同小异，所以一开始我并没有急于下笔。我细读《服装工艺单指导手册》一书，发现确实与同类书籍有很多不同之处，归纳起来有以下几点。

1. 体现了新的课程理念

在"工作过程导向"课程模式指导下，本书以工作过程为导向，以职业行动领域为依据确定专业技能定位，并通过以实际案例操作为主要特征的学习情境使其具体化。"行动领域—学习领域—学习情境"构成了该书的内容体系。

2. 坚持了"工学结合"的教学原则

在教材的编写过程中，作者力求做到"工学结合"，教材内容体现了取之于工，用之于学。既吸纳本专业领域的最新科技成果，也反映了工业服装 CAD 制板的特点。它理论联系实际，深入浅出，系统全面地论述了富怡 V1.0 服装 CAD 的原理和使用方法，并以大量的实例介绍了工业纸样的应用原理、方法和技巧。

3. 教材内容简明实用

教材内容精练，与企业的工业化服装工艺制单紧密联系，以便读者能够更好地掌握工业服装工艺制单的编写技巧。本书的总结概括合理，并遵循企业工业化服装工艺制单顺序和规律进行提炼，图文并茂，体现了简明、实用的特点。

陈桂林老师结合多年丰富的企业实践经验和教学心得，编写《服装工艺单指导手册》一书。该书以科学发展观为指导，以职业活动课程体系为导向，以应知、应会为依据，以职业能力为核心，满足职业教育发展的需求。此外，这本教材以与企业接轨为突破口，以专业知识为核心内容，争取在避免知识点重复的基础上做到精练实用。

特别是本书采用了全国职业院校中职服装设计制作竞赛和全国中职学校服装专业教师基本功竞赛指定软件——富怡工艺单软件为基础平台进行编写，并且专门介绍了如何针对大赛项目训练选手的技能和心理素质。

　　《服装工艺单指导手册》一书，不仅是一本理论兼顾实操的教材，同时也是一本不可多得的工具书，它填补了服装工艺制单教材中缺乏实操的空白。希望本书的出版，为服装院校更好地深化教育教学改革提供帮助和参考。对于推动服装教育紧跟产业发展步伐和企业用人需求，创新人才培养模式，提高人才培养质量也具有积极的意义。

全国职业院校技能大赛

中职服装设计制作竞赛裁判长

2013年1月　长沙

前言

　　服装行业对潮流和时尚的推崇使得服装生产具有款式变化快、品种多、生产周期短等特点，促使企业都强调高效的周转率。这对现代服装企业的生产提出了更高的要求。由于多品种小批量生产具有产品种类多、生产过程变动性大、生产效率低、设备调整困难、设备复杂度被动提高、外界条件不确定、生产的实施与控制动态化等特征，制造业企业在组织多品种、小批量生产时，必须改变传统的生产运作管理方式，采用与之相适应的现代生产管理方法。合理的工艺制单可以规范生产流程、合理利用资源、提高企业管理能力和生产效率。

　　工艺单是服装企业重要的生产技术文件之一，对指导服装工艺生产、优化工序流程、提高产品质量起到了重要的保障作用，也为服装检验提供了依据。本书通过不同类型服装的工艺单实训，加深读者对所学服装知识的理解和对服装企业实际生产过程的了解，使读者初步掌握服装工艺单编制的实际操作技能，提高读者的全面素质和职业能力，为今后进入这一工作岗位奠定基础。

　　本书采用全国职业院校技能大赛中职组服装设计制作竞赛指定软件——富怡服装工艺单软件V1.0版本（简称富怡TDS）软件来实操讲解。同时，富怡服装工艺单软件也是"创新杯"全国中职学校服装专业教师基本功竞赛唯一指定软件。

　　本书的编写紧紧围绕"学以致用"的宗旨，尽可能地使教材编写的通俗易懂，便于自学。同时，本书还专门配有网络资源，可免费下载富怡TDS软件。本书不仅是全国职业院校技能大赛中职组服装设计制作竞赛推荐教材，同时也是服装院校的教材及社会培训机构、服装企业技术人员、服装爱好者、初学者的学习参考工具书。

　　本书在编写过程中得到了富怡集团董事长李晋宁，深圳市圣天服饰有限公司杜文沁，深圳市广德教育科技有限公司李亮、袁小芳等朋友的热心支持。在此一并致谢！

　　由于编写时间仓促，本书难免有不足之处。敬请广大读者和同行批评赐教，提出宝贵意见。

2013年1月于广西科技职业学院

目录

第一章　服装工艺制单概述

服装工艺制单是服装企业不可缺少的一个重要技术文件，它规定某一具体服装款式的工艺要求及技术指标，是服装生产及产品检验的重要依据。

第一节　服装工艺基础知识

服装工艺是服装设计和生产的重要组成部分，本节主要讲解服装工艺相关基础知识。

一、服装工艺常用术语

1. 底线

从梭芯引出的缝线称为底线，缝纫后底线显露在缝料的下表面。

2. 面线

从机头线杆上的线球中引出的缝线，并经过机针针孔的缝线称为面线。缝纫后底线显露在缝料的上表面。

3. 锁式线迹

锁式线迹是指由两根缝线采用交织的方式在缝料上形成的一个单元。

4. 线缝

连续的线迹称为线缝。

5. 针距

针距是指按送料方向机针两次穿过缝料的间距，即每个线迹的长度。

6. 跳线

在缝纫时，底面线不能连续交织在一起形成的线迹称为跳线。

7. 浮线

因面线和底线的张力不均匀，使面线或底线的线迹有明显的线缝隆起浮在缝料的表面，这种现象称为浮线。

8. 压脚压力

缝料在压脚与送布牙齿之间存在一定的压力称为压脚压力。

9. 针迹

针迹是指各类缝针在穿刺衣料进行缝纫时，在衣料上所形成的针眼。

10. 线迹

线迹是指在衣料上所形成的，两个相邻针眼之间的缝线组织。

11. 线数

线数是指在衣料上所构成线迹的缝纫线条数。

12. 缝迹密度

缝迹密度是指在规定单位（一般为3cm）的缝迹长度内的线迹数。也称针脚密度。

13. 缝迹

缝迹是指在衣料上，所形成的相互连接的线迹。

14. 针码密度

针码密度又叫针迹、线迹及针脚密度。通常指2cm内缝针穿刺衣料的针数，如8针/2cm。有些外贸订单通常用"针/英寸"为单位，有的企业也用"针/3cm"，但我国标准是"针/2cm"。

15. 平缝

用锁式线迹缝纫机进行的缝纫加工称为平缝。服装行业中称为"缉"。

16. 链缝

用链式线迹缝纫机进行的缝纫加工称为链缝。

17. 包缝

包缝是指对缝料毛边进行包边以防缝料纱线脱散的缝纫方式。常见有三线包缝、四线包缝。包缝又称为锁边、包边、缉骨等。五线包缝实质上是三线包缝与双线链缝组合缝纫加工方式。

18. 打结

打结是指将服装有开口的端部或经常受到拉力作用的部位，为加固其强度，在其开口两端打上结缝，以加固其强度。打结又称套结、封结、打枣等。

19. 缉衬

缉衬是指用缝纫机缉缝衣片的衬料。

20. 合止口

合止口是指将衣片和挂面在门襟止口处用缝纫机机缉缝合。

21. 缭缝

缭缝是指用缭边机或手工将服装底边或下口折边处固定缝合的加工，要求正面不露线迹，又称缲缝。

22. 拼接

由于衣片不够长或大，或由于服装款式、结构或工艺要求需分割衣片，在缝制中应连接起来的缝纫加工方法称为拼接。一般是拼大接长。

23. 钉扣

钉扣是指将纽扣通过手工或专业钉扣机缝钉在纽扣设计的位置上。工艺上有缠脚与不缠脚两类，对于较厚面料需缠脚，轻薄面料无需缠脚。

24. 锁扣眼

锁扣眼是指用较粗的缝线将剪开的扣眼锁缝光洁的加工工艺。有手锁与机锁两种，扣眼头形状可分平眼及圆头眼。

25. 勾缝

一般是两衣片正面相对，在反面先缝合，再翻转的加工方法。主要用于领子、袋盖及止口等的处理。

26. 绱

服装部件之间进行装配缝合的方式叫绱。如将领片及领衬、领里先做成领子，再组装缝在大身领窝处的加工，其他还有绱袖子、绱腰头等。

27. 丝缕

丝缕是指机织物的经纬纱，一般经纱方向叫直丝，纬纱方向叫横丝，其余方向叫斜丝。直丝一般较挺括，不易变形，以服装高度或长度方向为主要用途方向；横丝较柔软，有一定伸缩性，多用于服装宽度或围度方向；斜丝是介于两者之间，变形能力较大，富有弹性，易制成圆顺的外形，多用于领里、育克、门襟等具有一定装饰要求的部位。

28. 吃与赶

由于常用缝纫设备送布机构的原因或是款式上的要求，在缝合或组装过程中要有一定的吃势或赶势。吃与赶是一一对应的，两者差距即为吃头（份）或赶头（份）。一般缩短的衣片叫吃，另一片长出来则叫赶。

29. 缝头

缝头是指衣片缝合时，线迹到裁片边缘的距离大小。缝头大小取决于材料特性及缝合部位，缝料纱线较光滑易脱散时或缝合部位是常受力部位时，可适当加宽。

30. 里外容

具有面里两片缝合时，为保证内外松度关系，要求面比里应宽松一点，但并不能出现浮松起翘现象，此加工方法称之为里外容。

31. 对刀剪口

在缝制加工中，两缝料边缘缝合时要对应缝合，为保证定位准确，制板时将有关组合部位在缝头边缘处打剪口，缝合时找准剪口上下对正进行缝合。有时也可表示把裁好的各部位标志在下层衣片上，以保证各部位结构准确、左右对称。

32. 劈烫

缝料缝合后对缝头应进行整理熨烫，劈烫是将缝头劈开或烫倒的一种缝纫加工中间熨烫工艺。

二、缝制工艺技术要求

1. 常用缝制针距密度要求（表1-1）

表1-1　常用缝制针距密度对照表

序号	线迹名称	针距密度
1	明线	每3cm为14～17针
2	手工针	每3cm不少于7针，肩缝、袖窿处每3cm不少于9针
3	三线包缝（码边）	每3cm不少于9针
4	手拱止口	每3cm不少于5针
5	三角针	每3cm不少于5针
6	锁眼	机锁、细线每1cm为12～14针，手锁、粗线每1cm不少于9针
7	钉扣	细线每孔8根线，粗线每孔4根线，且缠足高不能小于止口的厚度

2. 缝制时的技术要求

（1）缝制时，各部位缝合线路顺直，无跳线、脱线，且缝制整齐牢固、平服美观。

（2）缝制时面、底线应松紧适宜，并且起针和落针时应回针固缝，以免缝线脱落。

（3）缝合后的部位不能有针板、送布牙所造成的痕迹。

（4）缝制滚条、压条时，要保证宽窄一致、平服。

（5）缝制袋布时，若无夹里须里外两道线折光，袋布的垫布需折光或包缝。

（6）挖袋时，袋口两端应封结或倒回针，以增加袋口的强度。

（7）袖窿、领串口、袖缝、摆缝、底边、袖口以及挂面里口等部位要叠针，以免衣面与夹里两层不平服。

（8）锁眼时应不偏斜，纽扣与眼位要相对，钉扣后收线打结须牢固。

（9）商标位置要端正，号型标志要正确、清晰。

（10）成衣规格公差值不能超出规定范围。

三、服装工艺针法介绍

1. 常用工业机械针法介绍（表1-2）

表1-2　常用工业机械针法对照表

序号	名称	解　释	工艺图
1	平缝	指两层或两层以上的衣片正面相对叠合在一起，在反面上下互不松紧地缝合。是将衣片正面相对，在反面缉线的方式。若将缝头用熨斗或指甲向两边分开，则称之为分开缝或劈缝；将缝头向一侧烫倒，则称之为倒缝。平缝广泛用于上衣的肩缝、侧缝、袖子缝、裤子的侧缝、下档缝等处。缝制时起、止针应倒回针，以防线头脱散，注意衣片平整，缉线顺直，松紧适宜	反面

续表

序号	名称	解　　释	工艺图
2	搭缝	指一层衣片的边搭在另一层衣片的边上，两片衣片的缝头互相重叠搭合，在中部缉线，以减小缝头厚度。多用于领衬的后中缝、棉袄内衬料拼接等	
3	骑缝	也称咬缝。指一层夹在两层的中间压缉明线，主要用于装领、装袖口、装腰头等	
4	劈缝	也称分开缝。用手或熨斗将缝合起来的缝份分开	
5	座倒缝	也称倒缝。将缝合起来的缝头不分开，向一边折倒	
6	来去缝	也称筒子缝或反正缝。先将两层缝料反面叠合，缝头按0.3cm缝合第一道线，毛茬修掉后，再将正面叠合，用大于0.3cm的缝头缉第二道线。先将缝料反面相对，在正面缝一道线，将前次缝的毛茬头包在里面，翻转过来再在反面缝一道，多用于细薄材料的缝制，如女衬衫、童装摆缝、袖缝等，不必包缝、且缝份牢固	
7	滚包缝	只有一道缝线将缝料缝头的毛茬均匀包净的缝合方式，其中一片折边夹裹另一片缝合。该缝法既省工又省线，多用细薄面料服装包边用	
8	分压缝	也称劈压缝。是在劈缝基础上在缝头一侧再压缉一道线，一来是加固，二来可使缝型更平整。多用于裤裆缝、内袖缝等处	

序号	名称	解　释	工艺图
9	包缝	包缝分外、内包缝两种。外包缝常用于男士两用衫、西裤、夹克、卡曲衫、风雪大衣的缝合，正面有两条缝线（面线及底线各1条)后面是一根底线，外包缝又叫正包缝。内包缝常用于肩缝、侧缝、袖缝，涤卡或化纤中山装及平脚裤的缝合，正面可见一根面线，反面是两根底线	
10	扣压缝	也称克缝。先将缝料按要求的缝份扣烫平整，再按规定位置组装缉上明线。常用于贴袋、男裤的侧缝、衬衫育克等处	

2. 常用手缝工艺针法介绍（表1-3）

表1-3　常用手缝工艺针法对照表

序号	名称	解　释	工艺图
1	定	顺向等距运针，外露线迹较长。起暂时固定作用。常用于服装里料、衬料定位	
2	缝	顺向等距运针，线路可抽动聚缩。常用于袖山顶部收褶（指袖山吃势量）	
3	扎	纵向往返运针，排列平行，正面呈星点线迹，反面呈八字形，增加硬挺服贴感。常用于西装领驳头部位工艺处理	
4	环	将衣片边缘毛丝压住环呈斜形，防止织物毛边。常用于锁边（拷边）工艺处理	
5	扳	逆向运针，即将缉缝扳转，又将衬料盘牢。常用于毛呢类服装边缘处理	
6	搀	上层缝口折光与下层缝合，线迹暗藏。常用于缝袖里、领脚、贴边等	
7	缲	分明缲和暗缲两种。织物两边折光等量吃针，线迹外露为明缲。线迹正面不显，反面外露为暗缲。常用于服装贴边、纽襻条等	

续表

序号	名称	解　　释	工艺图
8	绗	运针先退后进，吃针细，针距长。起絮料固定作用。常用于棉衣、羽绒类服装固定絮料	
9	钩	倒向运针，后针与前针线迹局部重叠勾住。缝线具有收缩性能，起加固防伸长、缩短作用。常用于袖窿、领圈、毛呢大衣摆缝或斜料部位，使边缘收紧、中间凸起	
10	拱	运针先退后进，将多层织物用星点针迹固定。常用于西装止口边缘、手巾袋封口、门襟与里料固定等	
11	锁	绕成线套，线迹平均外露。有立体感，将织物毛口锁光。常用于锁扣眼、装饰襻、手工绣花、绣边等	
12	钉	纵横定向对穿，或并列串联装钉纽。常用于钉纽扣、盘花纽等	
13	绕	在轴心线上连续缠绕。线迹抽紧后，线迹悬空成线套。常用于封口加固	
14	三角针	正面不露线迹，反面缝线，角与角互相牵制成"V"字形，起加固作用。常用于折边、装钉商标、包领等	
15	打线丁	两层以上衣片同部位线迹。先组合相连，后剪断分离，嵌钉在织物施针处，起上下层同时标记作用。常用于毛呢类服装衣片组合装配	
16	线襻	用连环套线迹拉扯成瓣状小襻，起连接、过渡襻系作用。常用于女装腰襻、底面边里襻系等	
17	杨树花	左右针迹对称平衡，花型似杨树花，每组3～4针，有实用和装饰作用，常用于女大衣、上衣里料底边和童装衣领等部位	

第二节　工艺制单的作用

服装工艺制单是一项最重要、最基本的生产技术文件，它反映了产品工艺过程中的技术要求。建立合理的服装工艺制单，可使服装生产符合产品的规格设置和质量要求，合理利用原材料，降低成本，缩短产品设计和生产周期，提高生产效率和产品质量。服装工艺制单主要有以下作用。

一、有利于指导生产

服装具有款式多样的特点，在流水作业中，需要根据不同的品种调整工序设置和生产设备。由于服装生产分工比较细，服装生产工人具备的技术具有专业性和单一性的特点。在服装企业中，一般流水线上的工人只掌握1～3道工序操作，技术全面的工人较少。因此，服装工艺制单合理地安排每一位工人发挥其专业作用，是指导服装生产的有力保障。

二、有利于生产之间协同作业

服装工业化生产一般都是流水线作业，一线一道工序具有其自己的独立性，各工序之间又有着相关性，使工序之间形成有机的结合。由众多工序组成一件成衣，必须有合理的工序流程及标准的流程管理。只有严谨高效的组织生产，促使各部门之间、工序之间的相互协调、配合，才能使生产更加有序。

三、有利于提高生产效率

规范的服装工艺制单可以制订出合理的工艺流程和管理方法，从而为企业提供了先进的组织形式和管理工具，提高生产效率。

四、有利于降低生产成本

通过工艺制单的正确指导，就可以合理用料以及合理安排工序。以最低的材料消耗，通过合理的工序设置，生产出优质的产品，为企业创造最佳的经济效益。

五、有利于人才培养和技术创新

编制工艺制单要注重工艺生产和工艺革新，必然引导企业对新技术和新工艺的开发，有利于人才培养。服装工艺制单为采用新技术、新工艺、新设备提供了技术保证，最终提高了生产技术含量。

六、有利于提高产品质量

工艺制单可以使工艺生产过程更加科学合理。同时，工艺制单是产品检验的重要依据。服装质检人员可以依据服装工艺制单的成品规格和质量要求进行质检，是提高产品质量的有力保障。

七、有利于有效控制生产周期

规范的工艺制单必须充分做到对每道工段、工序的细致化管理，使企业高层准确地掌握生产现场的具体生产状况，可以有效控制生产周期。工艺制单的内容包括材料配送、人员和设备机配给、标准工时、标准工艺、操作流程等其他与产品生产效益有关的综合优化。为企业提供生产过程无缝链接、多信息实时共享、多平台协商合作的具有高效率快速反应、自定义灵活组合、优化控制的现代集成生产系统管理。

八、有利于提升企业管理能力

在当今快速多变、竞争日趋激烈的市场环境中，为了生存与发展，越来越多的企业采用了多品种小批量的生产方式。另外，位于供应链环节中分包地位的公司由于客户压力和市场变动的因素，不得不强行推行小批量多品种的生产方式。由于多品种小批量生产具有产品种类多、生产过程变动性大、生产效率低，设备调整困难、设备复杂度被动提高，外界条件不确定、生产的实施与控制动态化等特征，制造业企业在组织多品种小批量生产时，必须改变传统的生产运作管理方式，采用与之相适应的现代生产管理方法。规范的工艺制单可以规范生产流程、合理利用资源、提高企业管理能力和生产效率。

第三节　服装工艺制单的表现形式

当服装准备进行批量生产时，必须要对生产过程进行合理的安排。服装工艺制单用文字说明和图形说明对服装批量生产进行统筹安排，是指导服装生产、产品检验的重要技术文件和依据。服装生产工艺单通常以表格形式进行表述，Word、Excel、富怡工艺单软件都可以进行工艺单绘制。使用富怡工艺单软件图文并重的工艺单绘制更有优势。本节主要讲解服装款式设计说明图、服装工艺分解说明图、服装生产工艺指导书三种形式的工艺制单。

一、工艺单内容

1. 工艺单的文字内容

工艺单的文字内容主要包括：品名、型号、款式规格、面料、颜色、工艺说明、数量、工艺要求等。对于面辅材料明细表等各项内容也必须要符合工艺要求。工艺单的文字表现形式主要有：服装生产通知书、服装号型规格表、服装工艺生产指导书、面辅料明细表、整烫及包装要求等。

　　2.工艺单的图形内容

　　图形能够以最简洁的方式表达，便于操作者理解。工艺单的图形内容表现形式主要有：款式图、款式效果图、款式说明图、工艺缝型图、部位缝制示意图、生产工艺流程图、服装缝制剖面效果图等。

二、服装设计款式说明图

　　1.时装裙款式说明图（图1-1）

　　2.休闲裤款式说明图（图1-2）

　　3.连衣裙款式说明图（图1-3）

　　4.休闲大衣款式说明图（图1-4）

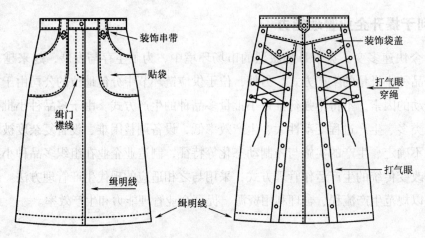

装饰串带
贴袋
缉门襟线
缉明线
装饰袋盖
打气眼穿绳
打气眼
缉明线

图1-1　时装裙款式说明图

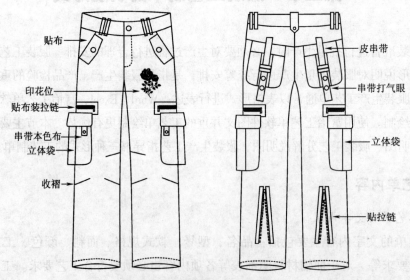

贴布
印花位
贴布装拉链
串带本色布
立体袋
收褶
皮串带
串带打气眼
立体袋
贴拉链

图1-2　休闲裤款式说明图

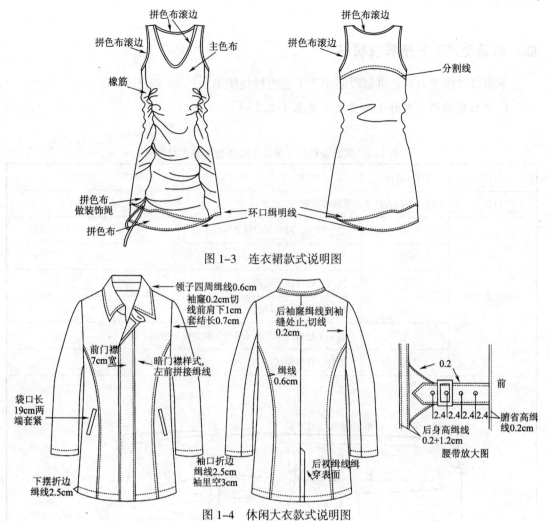

图 1-3　连衣裙款式说明图

图 1-4　休闲大衣款式说明图

三、服装工艺分解说明（图 1-5）

以口袋工艺分解为例，如图 1-5 所示。

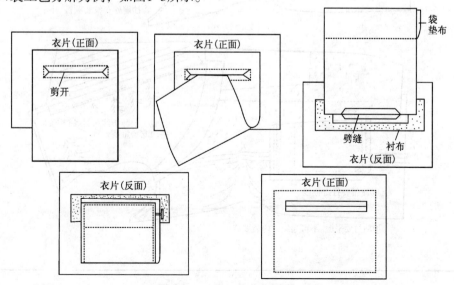

图 1-5　口袋工艺分解说明

四、服装生产工艺指导说明书

下面以男西装为例,讲解服装生产工艺指导说明书。

1. 男西装粘衬(落朴)品质技术要求(表1-4)

表1-4　男西装粘衬(落朴)品质技术要求对照表

名称	粘衬(落朴)	流程编号	01	制单员	
目的	粘衬要符合以下品质技术要求				
品质技术要求	①	前中顺直,衬料与面料要保持平服			
	②	两边吃势量(容位)要一致			
	③	袖窿处布纹线要顺直			
	④	粘衬要平服,不可起皱;内袋要定位			
	⑤	驳头上翻折线带衬条(朴条)两边吃势量要一致			
	⑥	腰袋要打定位线			

①前中顺直,衬布与面料要保持平服

②两边吃势量(容位)要一致

③袖窿处布纹要顺直(朴条)

⑤驳头上翻折线带衬条(朴条)两边吃势量要一致

⑥腰带要打定位线

④粘衬要平服,不可起皱;内袋要定位

2. 男西装后片后中缝、后中衩位、袖窿、肩部、领窝品质技术要求（表1-5）

表 1-5　男西装后片后中缝、后中衩位、袖窿、肩部、领窝等部位品质技术要求对照表

名称	后片工艺指导	流程编号	02	制单员	
目的	后片后中缝、后中衩位、袖窿、肩部、领窝要符合以下品质技术要求				
品质技术要求	①	领窝带衬条不能太松；领窝两边要完全吻合，左右对称			
	②	肩部车线两边要完全吻合，左右对称			
	③	面料布纹要顺直，袖窿带衬条不能太松，适宜为好			
	④	左右袖窿形状、吃势量要保持一致			
	⑤	后片左右布纹线要顺直且对位一致			
	⑥	后中衩位要保持平服，不可起皱			
	⑦	后中缝止口不可有大小不一致现象，不可有缩皱现象			
	⑧	下摆要顺直，止口尺寸和后中长要符合规格表尺寸			

①领窝带衬条不能太松；领窝两边要完全吻合，左右对称

②肩部车线两边要完全吻合，左右对称

③面料布纹要顺直，袖窿带衬条不能太松，适宜为好

④左右袖窿形状、吃势量保持一致

⑦后中缝止口不可有大小不一致现象，不可有缩皱现象

⑥后中衩位要保持平服，不可起皱

⑤后片左右布纹线要顺直且对位一致

⑧下摆要顺直，止口尺寸和后中长要符合规格表尺寸

3. 男西装前片袖窿、肩部、领窝、手巾袋、腰袋等品质技术要求（表1-6）

表1-6　男西装前片袖窿、肩部、领窝、手巾袋、腰袋等品质技术要求对照表

名称	前片工艺指导	流程编号	03	制单员	
目的	前片袖窿、肩部、领窝、手巾袋、腰袋等要符合以下品质技术要求				
品质技术要求	①	前片面料不能有布疵、抽纱、色差等现象			
	②	肩部左右两边要完全吻合，左右对称			
	③	手巾袋位置正确，不可有高低不一致现象			
	④	左右袖窿形状、吃势量要保持一致			
	⑤	袋盖布纹要顺直，袋盖角不可起翘，袋盖表面平服			
	⑥	腰袋袋口打套结（打枣处）面料不能有起皱现象			
	⑦	侧缝止口不可有大小不一致现象			
	⑧	前中顺直，左右要对称，长度要一致			

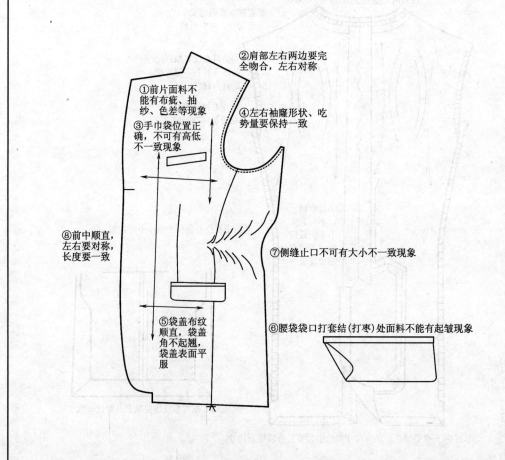

4. 男西装领子、尺寸、布纹品质技术要求（表1-7）

表1-7　男西装领子、尺寸、布纹品质技术要求对照表

名称	领子工艺指导	流程编号	04	制单员	
目的	领子、尺寸、布纹要符合以下品质技术要求				
品质技术要求	①	领尖左右对称，领尖不可起翘			
	②	领嘴线不能出现弯曲现象			
	③	领面布纹线不能弯曲，应左右对称			
	④	领面不可有布疵、抽纱等现象			
	⑤	领型要保持左右对称			
	⑥	翻领与领座吃势位置要符合工艺要求			
	⑦	驳领止口不可出现豁口、形状大小不一致、跳线等现象			
	⑧	领面缉线间距要保持一致，左右对称			

③领面布纹不能弯曲，左右对称　④领面不可有布疵、抽纱等现象

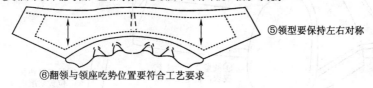

⑤领型要保持左右对称

⑥翻领与领座吃势位置要符合工艺要求

⑧领面缉线间距要保持一致，左右对称

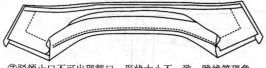

①领尖左右对称，领尖不起翘。

②领嘴线不能出现弯曲现象

⑦驳领止口不可出现豁口、形状大小不一致、跳线等现象

5. 男西装袖子品质技术要求（表1-8）

表1-8　男西装袖子品质技术要求对照表

名称	袖子工艺指导	流程编号	05	制单员	
目的	袖子要符合以下品质技术要求				
品质技术要求	①	袖口钉纽扣位置要准确			
	②	袖口开衩不可有起皱现象			
	③	左右袖口开衩不可长短不一			
	④	袖型要符合工艺要求，袖子要顺直			
	⑤	前袖里料比面料长2~2.5cm			
	⑥	袖里要定位，定位不可有起吊、反吐的现象			
	⑦	袖缝线路自然顺畅，无过紧或太松现象			
	⑧	袖里风琴尺寸要符合工艺要求			

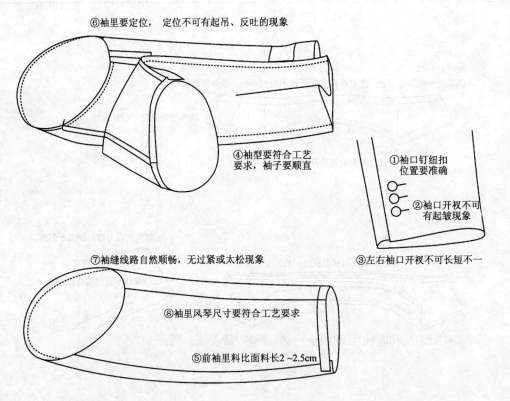

⑥袖里要定位，定位不可有起吊、反吐的现象

④袖型要符合工艺要求，袖子要顺直

①袖口钉纽扣位置要准确

②袖口开衩不可有起皱现象

⑦袖缝线路自然顺畅，无过紧或太松现象

③左右袖口开衩不可长短不一

⑧袖里风琴尺寸要符合工艺要求

⑤前袖里料比面料长2~2.5cm

6. 男西装挂面、前里料品质技术要求（表1-9）

表 1-9　男西装挂面、前里料品质技术要求对照表

名称	挂面、前里料 工艺指导	流程编号	06	制单员	
目的	挂面、前里料要符合以下品质技术要求				
品质技术要求	①	左右挂面要完全吻合			
	②	褶位要定位，褶位方向向下			
	③	里料、面料不可有抽纱、布疵等现象			
	④	里料吃势要均匀一致			
	⑤	里料风琴位要符合工艺要求			
	⑥	袋口两端打套结后布纹要顺直			
	⑦	里料袋要平服			
	⑧	左右里料袖窿形状一致			

③里料、面料不可有抽纱、布疵等现象

⑤里料风琴位要符合工艺要求

⑧左右里料袖窿形状一致

④里料吃势要均匀一致

⑥袋口两端打套结后布纹要顺直

①左右挂面要完全吻合

⑦里料袋要平服

②褶位要定位，褶位方向向下

7. 男西装搭接缝合（埋夹）品质技术要求（表1–10、表1–11）

表 1–10　男西装搭接缝合（埋夹）品质技术要求对照表（一）

名称	搭接缝合（埋夹）工艺指导	流程编号	07	制单员	
目的	搭接缝合要符合以下品质技术要求				
品质技术要求	①	搭接缝合吃势要正确、均匀，要对剪口位			
	②	搭接缝合止口不可有大小不一致现象			
	③	前片、侧片、后片不能有色差			
	④	下摆顺直，且要用手工定位			
	⑤	侧片的布纹线要顺直			
	⑥	腰围尺寸要符合规格尺寸			

②搭接缝合止口不可有大小不一致现象

①搭接缝合吃势要正确、均匀，要对剪口位

③前片、侧片、后片不能有色差

⑤侧片的布纹线要顺直

⑥腰围尺寸要符合规格尺寸

④下摆顺直，且要用手工定位

表1-11　男西装搭接缝合（埋夹）品质技术要求对照表（二）

名称	搭接缝合 工艺指导	流程编号	08	制单员	
目的	搭接缝合要符合以下品质技术要求				
品质技术要求	①	搭接缝合吃势要正确、均匀，要对剪口位			
	②	搭接缝合止口不可有大小不一致现象			
	③	车里料下摆边要顺直，且要用手工定位			
	④	里料要定位			
	⑤	车袖窿要带衬条，吃势要均匀，左右一致			
	⑥	袖窿弧线圆顺，面料与里料袖窿一致			

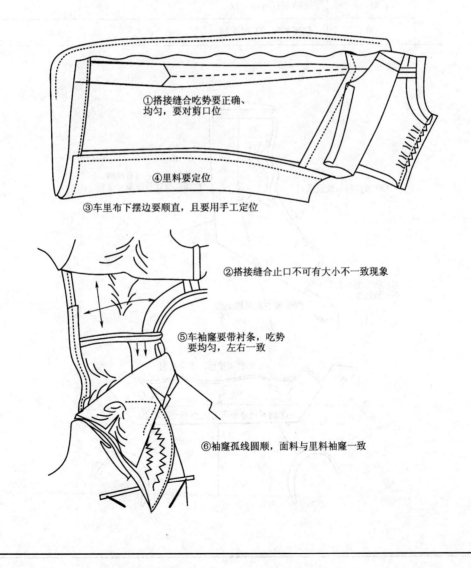

①搭接缝合吃势要正确、均匀，要对剪口位

④里料要定位

③车里布下摆边要顺直，且要用手工定位

②搭接缝合止口不可有大小不一致现象

⑤车袖窿要带衬条，吃势要均匀，左右一致

⑥袖窿弧线圆顺，面料与里料袖窿一致

8. 男西装翻领品质技术要求（表1-12）

表1-12 男西装翻领品质技术要求对照表

名称	翻领工艺指导	流程编号	09	制单员	
目的	翻领要符合以下品质技术要求				
品质技术要求	①	翻领面料布纹线顺直			
	②	翻领尺寸不可有大小不一致现象			
	③	挑领底线不可有断线、跳线、反吐等现象			
	④	领嘴不能有长短不一致现象			
	⑤	领嘴左右对称一致			
	⑥	翻领平服，不可起扭			

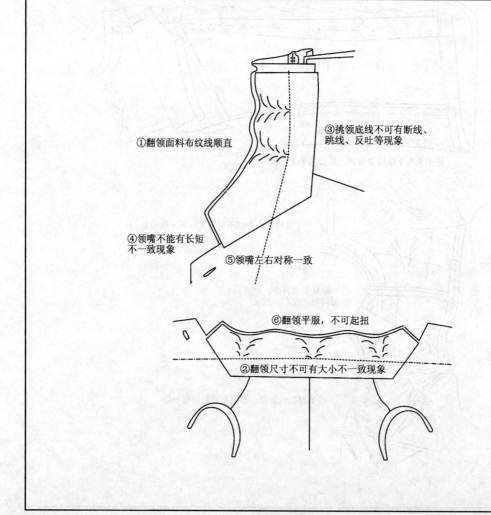

①翻领面料布纹线顺直

③挑领底线不可有断线、跳线、反吐等现象

④领嘴不能有长短不一致现象

⑤领嘴左右对称一致

⑥翻领平服，不可起扭

②翻领尺寸不可有大小不一致现象

9. 男西装绱袖品质技术要求（表1-13）

表1-13　男西装绱袖品质技术要求对照表

名称	绱袖工艺指导	流程编号	10	制单员	
目的	绱袖符合以下品质技术要求				
品质技术要求	①	袖侧缝止口不能有大小不一致现象			
	②	袖头要直，绱袖吃势要均匀			
	③	绱袖要保持左右袖对称一致			
	④	绱袖缝份大小一致			
	⑤	绱袖要对剪口			
	⑥	绱袖后外形挺括、饱满，袖型美观			

②袖头要直，绱袖吃势要均匀

③绱袖要保持左右袖对称一致

①袖侧缝止口不能有大小不一致现象

④绱袖缝份大小一致

⑤绱袖要对剪口

⑥绱袖后外形挺括、饱满，袖型美观

10. 男西装里料整体品质技术要求（表1-14）

表1-14　男西装里料整体品质技术要求对照表

名称	里料整体工艺指导		流程编号	11	制单员	
目的	里料整体符合以下品质技术要求					
品质技术要求	①	看领布纹弯，上领线要直				
	②	领底人字车线要顺				
	③	里料袖窿、下摆、肩部等部位要定位				
	④	里料不能有抽纱、油污等现象				
	⑤	里料不能有起吊现象				
	⑥	里料不能有线毛				

①看领布纹弯，上领线要直

④里料不能有抽纱、油污等现象

⑤里料不能有起吊现象

⑥里料不能有线毛

③里料袖窿、下摆、肩部等部位要定位

②领底人字车挑线要顺

11. 男西装面料整体品质技术要求（表1-15）

表1-15　男西装面料整体品质技术要求对照表

名称	面料整体工艺指导	流程编号		12	制单员	
目的	面料整体符合以下品质技术要求					
品质技术要求	①	造型优美、平服、挺括、饱满。除个别部位外，应以前中心线为基准，左右对称				
	②	面料无明显疵点，领面、驳头不得存在任何疵点				
	③	整套服装不得存在影响外观的污渍、水迹、粉印、烫黄、极光及线头等疵点				
	④	使用黏合衬工艺的部位，不得存在脱胶现象				
	⑤	各部位线路顺直、松紧适宜，针迹密度符合工艺技术标准或客户要求				
	⑥	锁眼、钉扣位置准确、大小适宜，锁眼整齐、光洁，钉扣牢固，用线应符合要求				
	⑦	滚条平服、宽窄一致				
	⑧	各部位套结定位准确、平整牢固				
	⑨	商标、洗涤标、尺码标志等位置准确、美观牢固				
	⑩	倒顺毛面料及图案、花型有方向性的面料，如无特殊要求，应方向一致				

第二章 富怡工艺单系统介绍

富怡服装工艺单软件（简称富怡TDS）主要包含两个功能，即工艺图功能和表格功能。在后面的章节中将详细介绍这些功能和操作技巧。

第一节 认识富怡 TDS

系统的工作界面就好比是用户的工作室，熟悉了这个工作界面也就是熟悉了你的工作环境，自然就能提高工作效率。打开【富怡TDS】后，即进入工作界面，进行工艺单的制作（图2-1）。

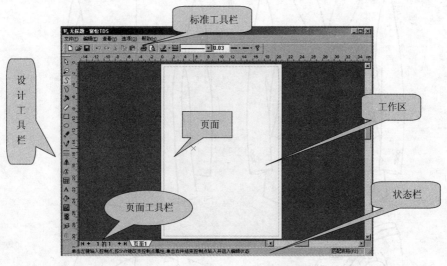

图 2-1 富怡服装工艺单软件界面

一、富怡服装工艺单软件界面

1.标准工具栏

标准工具栏中有常用的文件、编辑操作、打印等按钮，在后面的方形对话框里是工具的属性栏，在这里可以进行设置线型，选定颜色等操作。

2.设计工具栏

设计工具栏包括工艺单的大部分工具，可以画曲线、表格以及进行位图的设计、编辑等。

3. 页面工具栏

页面工具栏用来插入、删除、增加以及切换页面。

4. 状态栏

状态栏报告当前操作的状态，以及显示当前乃至下一步操作的帮助提示。

5. 页面和工作区

页面和工作区是进行服装款式图绘制、编制服装工艺单的工作区域。

二、相关专业术语解释

1. 单选图元

单选图元是指直接在图元上单击鼠标左键的方法选择图元。

2. 框选图元

按住鼠标左键拖动，显示出一个矩形框，用矩形框住所需的图元。

3. 捕捉

线设计工具都默认自动捕捉，按住【Ctrl】键可以防止自动捕捉。

三、富怡服装工艺单软件的特点

富怡服装工艺单是针对服装企业开发的一种新型软件，功能强大，操作简单，智能化的操作界面用起来得心应手。富怡服装工艺单的以下特点使得企业使用时更便捷高效。

1. 丰富的画图工具

界面简洁、明朗，工具形象、直观。多种线型如拉链线、缝迹线、波浪线等可随时选用，并且可以保存自己设计的线型。线型的参数如粗细、虚实等可随时更改。上色可以随心所欲，有纯色填充、位图填充、线形填充、渐变填充等多种填充方式任意选用。这些工具使操作更加方便简单，制作款式图和工艺图更加轻松自如（图2-2）。

2. 人性化的表格

只要输入行数和列数，表格即可形成，并且可随意调整（图2-3）。

3. 开放式的工艺图库和款式图库

富怡软件自带丰富的工艺图和款式图库，可随时调用、修改、增加。每种工艺图都有详细的标注，一目了然（图2-4）。

4. 国际标准格式的数据格式

能灵活调用其他绘图软件存储格式的图片（＊.BMP、＊.JPG、＊.JPEG），再不用做重复的工作，大大地提高了工作效率（图2-5）。

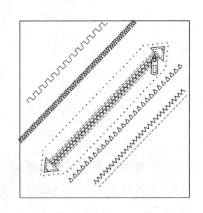

图2-2 拉链和缝迹线

红袖服装有限公司生产单		
交货日期	2003/5/20	下单日期	2003/4/25
客户	BAMSE	定单号	2003-102
款式		洗水	3%
款式图		

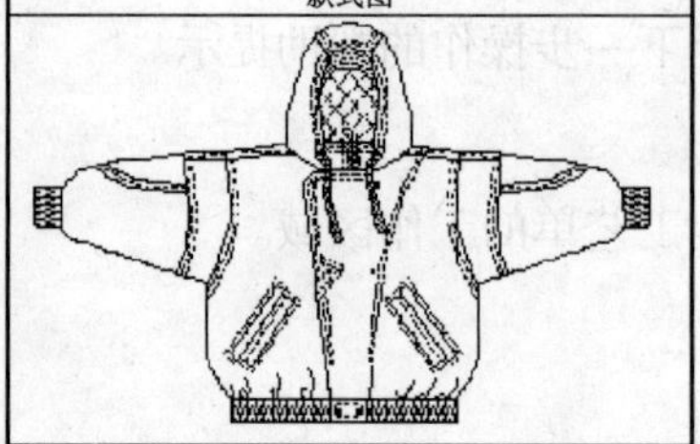

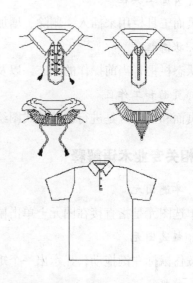

	S	M	L
胸围	96	98	102
肩宽	39	40	40.5
领围	38	39	39.5
衣长	56	59	60
袖长	52	65	55
袖口宽	13	13.5	

图 2-3　人性化的表格

图 2-4　开放式的工艺图库和款式图库

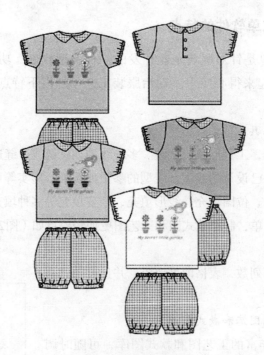

图 2-5　服装款式图

5. 随时调用的工艺单结构

工艺单的格式一经制好，就可以随时套用；并且自带多种表格形式，可直接调用（图2-6）。

图 2-6　工艺单

第二节　标准工具栏

标准工具栏是用来放置常用的文件、编辑操作、打印等按钮，在后面的方形对话框里是工具的属性栏，在这里可以设置线型、设定颜色等（图2-7）。

图 2-7　标准工具栏

一、□ 新建（【N】/【Ctrl】+【N】）

1. 功能
新建工具可新建一个空白文档。

2. 操作
点击该图标或按【Ctrl】+【N】，即新建一个工艺单文档。

二、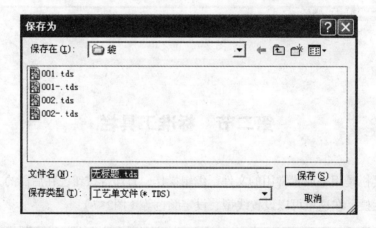打开（【O】/【Ctrl】+【O】)

1. 功能

该工具用于打开富怡TDS文件。

2. 操作

点击该图标或按【Ctrl】+【O】，则弹出【打开】对话框，按照路径选择文件，点击【打开】（或双击文件名），即打开一个保存过的设计文件。

三、保存（【S】/【Ctrl】+【S】

1. 功能

该工具用于储存文件。

2. 操作

（1）点击该图标或按【Ctrl】+【S】，可以将当前工艺单保存到磁盘。如果是未命名的文件，系统会自动弹出【保存为】对话框（图2-8），指定路径后，在【文件名】文本框内输入文件名，按【保存】即可。

（2）再次保存该文件，则点击保存图标即可，文件将按原路径、以原文件名保存。

图 2-8 【保存为】对话框

四、撤销（【U】/【Ctrl】+【Z】)

1. 功能

该工具用于按顺序取消做过的操作指令，每按一次就可恢复撤销一步操作。最多可以恢复20步。

2. 操作

点击该图标或按【Ctrl】+【Z】均可。

3. *注意事项*

当无法撤销操作或已撤销完所有操作，则【撤销】命令或图标变成灰色。

五、☞ 重新执行（【R】/【Ctrl】+【Y】）

1. *功能*

该工具可以把撤销的操作再恢复，每按一次就可复原一步操作，可执行多次。

2. *操作*

点击该图标，或按【Ctrl】+【Y】均可。

六、✂ 剪切（【X】/【Ctrl】+【X】）

1. *功能*

该工具配合粘贴工具一起使用。可以将所选择的物件进行剪切，然后粘贴。

2. *操作*

（1）用选择修改工具 ⬚，选中目标线段或图元。

（2）点击 ✂ 图标，或按【Ctrl】+【X】均可。

（3）这时在工作区，就看不见被选中的线段或图元，该线段或图元已经被剪切工具剪切至剪贴板中了，再点击粘贴工具 ▤，该物件就被粘贴到工作区中。

七、▤ 复制（【C】/【Ctrl】+【C】）

1. *功能*

该工具配合粘贴工具一起使用。可以把所选择的物件进行复制，然后粘贴。

2. *操作*

（1）用选择修改工具 ⬚，选中目标线段或图元。

（2）点击 ▤ 图标，或按【Ctrl】+【C】均可。

（3）这时在工作区，还可以看到该图元，再点击粘贴工具 ▤，该物件就被粘贴到工作区了。

八、▤ 粘贴（【V】/【Ctrl】+【V】）

1. *功能*

该工具配合剪切或复制工具一起使用，可以将所选择的物件进行剪切或复制，然后粘贴。

2. *操作*

操作步骤与剪切或复制工具相同。

九、🖶 打印（【Ctrl】+【P】）

1. 功能

该工具可以将当前的工艺单输出到指定的打印机上进行打印。

2. 操作

单击打印 🖶，将弹出的【打印】对话框，进行相应的设置，点击【确定】键，即可打印工艺单文件。

十、🔍 打印预览

1. 功能

该工具可以预览工艺单的打印效果。

2. 操作

单击打印预览🔍，这时就可以预览该工艺单文件的打印效果。

 线型属性列。

十一、❓ 帮助

1. 功能

帮助文件。

2. 操作

在制作工艺单文件时，状态栏会有一行字提示用户下一步可以做什么和达到什么效果。任意时刻，用户可以按下【F1】键以得到更详细的帮助。

第三节　设计工具栏

设计工具栏放置了编制工艺单的大部分工具，可以绘制曲线、表格以及进行位图的设计、编辑等（图2-9）。

图 2-9　设计工具栏

一、🔺 选择修改

1. 功能

该工具可以对工作区的图元进行修改及编辑。

2.操作

（1）如图2-10所示，当图元为一条弧线时，在控制点处单击左键可拖动该点，在非控制点处单击左键可插入控制点，单击右键，结束编辑。

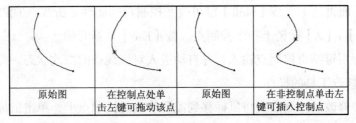

原始图	在控制点处单击左键可拖动该点	原始图	在非控制点单击左键可插入控制点

图 2-10 弧线编辑 1

（2）如图2-11所示，在拖动控制点的同时按【Shift】键，该点可在弧线点和折线点之间进行切换。

（3）如图2-11所示，将光标放在控制点上，同时按【Delete】键，该控制点被删除。

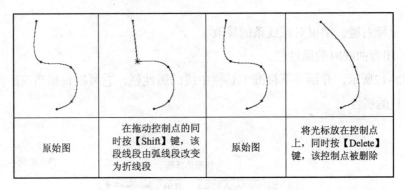

原始图	在拖动控制点的同时按【Shift】键，该段线段由弧线段改变为折线段	原始图	将光标放在控制点上，同时按【Delete】键，该控制点被删除

图 2-11 弧线编辑 2

二、⊕放大

1.功能

该工具可以对工作区窗口进行放大或缩小。

2.操作

（1）按下【Ctrl】键或【Shift】键，单击鼠标左键，此时工作区以单击点为中心进行缩小显示。

（2）按下【Ctrl】键或【Shift】键，单击鼠标右键，此时工作区以一页的宽度显示。

（3）框选部分区域，按下鼠标左键确定后，将选择的区域放大显示。

（4）在工作区呈放大或缩小显示状态下，单击鼠标右键，将整页全部显示。

三、S非闭合曲线

1.功能

该工具可以画各种曲线与折线。

2. 操作

（1）以绘制开口曲线为例。

①根据线条形状依次单击鼠标左键输入线条各控制点的位置。这时曲线显示为第一提示颜色（将在后面讲述）。按【Shift】键可改变控制点的属性（折线点/曲线点）。

②按【Ctrl】+【Z】撤销上一个控制点。按【Esc】重新开始。

③单击鼠标右键结束控制点输入，并自动进入对该线条的修改状态。

（2）线条修改工具的操作。

①选择需要修改的控制点：将鼠标移到需要修改的控制点上，单击鼠标左键。

②移动鼠标将控制点拖到目标位置，单击鼠标左键完成。如果需要，也可以在移动过程中按【Shift】键改变控制点的属性。

③如需增加控制点，可将鼠标移到需要控制点的位置单击鼠标左键。

④等分已选择的线条：按数字键2，…，9，10（数字键1+数字键0），…19，可对线条进行等分。

⑤单击鼠标右键，结束对该线条的修改。

（3）非闭合曲线时的属性栏。

①如图2-12所示，介绍一下标准工具栏中线的属性栏，它可以根据当前的操作，显示当前可用工具的属性。

图 2-12　编辑非闭合曲线时的属性栏

②如图2-13所示，曲线颜色按钮用来设定曲线的颜色，按下按钮右边的小箭头可以弹出颜色选择面板。

③在线型选择框的下拉框里可以选择要使用的自定义线类型。

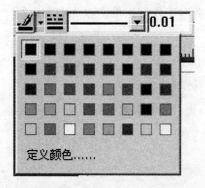

④线型参数是当前线型的一组参数，如宽度、间隔等，每种线型的参数可能是不一样的，而且当鼠标移动到这些文本框的时候，会弹出帮助提示，并且在状态栏会有相应的提示。

⑤当我们设定好线型以及参数的时候，按下线型设定按钮，会将线型应用到当前曲线，并设置为下次绘制的默认线型。

⑥如图2-14所示，当前的线型为弧线，用 选择修改工具点击该线段，该线段为红色选中状态。这时，点

图 2-13　曲线颜色按钮及面板

击线型设定后面的小三角，选择其中的一种线型，再点击 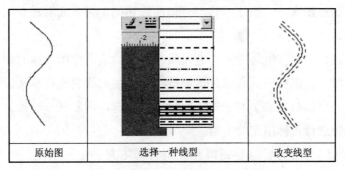 线型设定工具，这时原来的线型将改变。以同样的操作方式，可以改变线的颜色。

| 原始图 | 选择一种线型 | 改变线型 |

图 2-14　线型设置

⑦如图2-15所示，箭头按钮显示的是我们当前默认的箭头。我们按下箭头按钮旁边的下拉箭头，会弹出一个箭头形状选择面板，我们可以通过这个面板设置开放曲线的开始端箭头和结束端箭头。

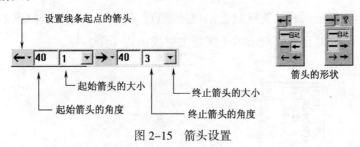

图 2-15　箭头设置

⑧如图2-16所示，在工作区画一条直线；用 选择修改工具点击该线段，该线段为红色选中状态；设置起始箭头的角度为40°，设置起始箭头的大小为3号，选择小三角下的箭头种类，再点击 ，这时该线段的起始端点，变成带箭头状态；设置终止箭头的角度为40°，设置终止箭头的大小为3号，选择小三角下的箭头种类，再点击 ，该线段的终止端点变成带箭头状态。

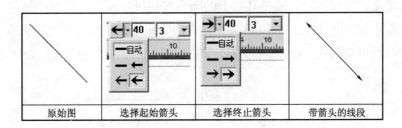

| 原始图 | 选择起始箭头 | 选择终止箭头 | 带箭头的线段 |

图 2-16　箭头应用

四、 闭合曲线

1. 功能

该工具绘制闭合的曲线，可以结合填充工具使用，对该闭合曲线进行填充。

2. 操作

（1）选择该工具，根据线条形状，依次单击鼠标左键，输入各控制点位置，单击鼠标右键，结束控制点输入。（操作方式与开口曲线相同）。下面着重介绍一下闭合曲线的填充工具（图2-17）。

（2）按下设计工具栏的 按钮，进入闭合线条的填充操作。这时候，要填充一个闭合曲线围成的区域，可以将鼠标移动到该曲线上方，当曲线突出显示（以第一提示颜色显示，缺省为红色，可以自定义）时，按下鼠标左键，选定该曲线。然后，在属性工具栏的填充类型组合框中选择目标填充的类型。

（3）如图2-17所示，可以看到填充类型有无填充、位图填充、纯色填充、线形渐变、圆形渐变、圆锥形渐变、方形渐变以及线条填充。下面我们将逐一介绍：

①无填充：指不用对图形填充处理。

②位图填充：当用户选择位图填充的时候，会弹出一个选择位图的对话框，用户可以选择一个图片文件（可以是*.bmp，*.jpg，*.jpeg，*.gif，*.png，*.emf，*.wmf等格式）用作填充位图。填充完成后，填充区域上出现控制点，用户可以拖动控制点来调整填充位图的大小、角度等。同时还可以双击填充区域来更换图片（图2-18）。

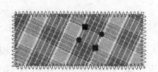

图 2-17　闭合曲线的填充工具　　　　　　图 2-18　位图填充

③纯色填充：可以通过智能工具栏上的颜色按钮设定或更改填充的颜色。在填充时（线条填充除外），用户可以按【Delete】键来清除刚才的填充，恢复到无填充状态。按【Shift】键可以切换交替区域的填充状态。如图2-19所示，该五边形是闭合图形。

按【Shift】键　　　　　　　按【Shift】键

图 2-19　纯色填充

④线形渐变填充：因为渐变填充的相似性，这里我们以线形渐变为例，将它们（线形、圆形、圆锥形、方形）放到一起来讲。选择线形渐变之后，属性工具栏出现【线形渐变】状态（图2-20）。其中，第一个按钮可以设置渐变开始颜色，第二个按钮为渐变结束的颜色，使用方法和曲线颜色选择按钮相同。如图2-21所示，这时填充区域显示三个控制

点：渐变开始点、渐变中点、渐变结束点，用户可以拖动这些点来调整渐变填充的效果。

⑤圆形、圆锥形、方形渐变填充的操作与线形渐变填充操作方法类似。

⑥线条填充：

a.在属性工具栏设定要填充的线型。

b.可以通过拖动控制点来设定填充的起点和角度。

c.如图2-22所示，双击填充区域，弹出【线填充参数】对话框，可以设置填充线的角度和间距。

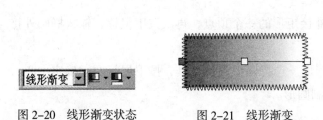

图 2-20　线形渐变状态　　图 2-21　线形渐变　　图 2-22　【线填充参数】对话框

五、⚲丁字尺

1. 功能

该工具可以画水平与垂直的直线和45°的斜线。

2. 操作

（1）选择该工具，在工作区点击一下鼠标左键，选择起始点，移动鼠标，然后点击鼠标左键，再选择结束点，结束操作。

（2）线型设置与开口曲线相同。

六、▱直尺

1. 功能

该工具可以画任意两点确定的直线。

2. 操作

双击鼠标来确定直线的开始和结束点。

七、▢矩形 / 正多边形

1. 功能

该工具可以画矩形与正多边型。

2. 操作

（1）按下鼠标左键，定位矩形一个顶点，移动鼠标，然后再次按下鼠标左键，定位另一个顶点。

（2）按下【Shift】键，切换为正多边形工具，按下鼠标左键，确定中心，按数字键1，2，3，4，…，10（数字键1和0）输入正多边形的边数。

（3）再次按下鼠标左键，确定正多边形的一个顶点，完成绘制正多边形。

八、◯ 椭圆／圆

1.功能

该工具可以画圆形与椭圆形。

2.操作

（1）按下鼠标左键，输入椭圆外接矩形的一个顶点，再次按下鼠标，输入椭圆外接矩形的另外一个顶点。

（2）按下【Shift】键，切换为圆形。选择圆形设计工具，按下鼠标左键确定中心，再次按下左键确定圆的半径，完成绘制圆形。

九、◆ 橡皮擦

1.功能

该工具可以删除图元。

2.操作

单选图元，删除单个图元；框选多个图元，删除选中的所有图元。

十、◢ 手绘

1.功能

该工具模仿手绘效果，来设计各种图元。

2.操作

（1）线型设置与开口曲线相同。

（2）按下鼠标左键，开始任意绘制，松开鼠标结束绘制。

十一、▤ 平行复制（等距线）

1.功能

该工具可以平行复制所选中的图元。

2.操作

（1）如图2-23所示，选择要复制的曲线，然后按数字键输入要复制的数量。

（2）在属性工具栏的参数框里输入每条曲线之间隔为10mm，点击鼠标左键

| 属性工具栏的参数框 | 完成图 |

图2-23　平行复制

完成。

（3）如图2-24所示，按【Shift】键切换到移动复制工具状态，操作如下：

①左键选择要移动复制的线条，按【Shift】键切换到等距线（这时属性栏里线条的间隔为10mm）［图2-24（a）］。

②松开左键，移动鼠标，按数字键上任一个需要的数字1～9均可，在这里选择的是数字3［图2-24（b）］。

③选择适当的地方，单击鼠标左键确定，即可一次性复制线段，复制的线条以水平或垂直方式显示［图2-24（c）］。

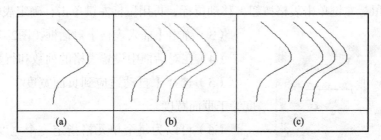

图 2-24　平行复制

十二、⚠ 对称复制

1. 功能

该工具可以对称复制画圆形与椭圆形。

2. 操作

（1）如图2-25所示，首先双击鼠标，确定一条对称轴［图2-25（a）］。

（2）然后单选或框选要对称复制的图元［图2-25（b）］，光标移至目标区域右键确定，完成对称复制［图2-25（c）］。

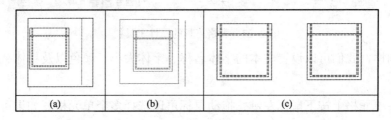

图 2-25　对称复制

十三、✂剪断 / 合并线条

1. 功能

该工具可以剪断线条或合并线条。

2. 操作

（1）单选要剪断的曲线，然后在曲线上按下鼠标左键，确定剪开的点，曲线从该点被剪开。

（2）按下【Shift】键，切换剪开/合并功能。

（3）合并工具，单选要合并的第一条开放曲线，然后单选第二条开放曲线，将两条曲线合并为一条。或者单选同一条开放曲线两次，将该曲线转化为闭合曲线。

十四、▦ 表格

1. 创建表格

（1）表格工具对应设计工具栏的 ▦ 按钮。

（2）用鼠标左键单击表格按钮，移动鼠标，再用鼠标左键单击，确定表格的位置。

图2-26 【插入表格】对话框

（3）弹出【插入表格】对话框（图2-26）。

（4）在对话框中设置表格的列数和行数。

（5）选择【自动适应到页面宽度】，使表格的宽度等于页面宽度。

（6）可以为每个单元格指定一个宽度，在列宽与行高里输入指定的数值即可。

（7）如果需要表格的大小等于先前两个点定的矩形，那么先取消自动适应到页面宽度与自动适应到页面高度，再勾选列宽与行高后的自动选项。

（8）点击【确定】按钮，完成创建表格。

2. 编辑表格

（1）单击表格的单元格可以向该单元格输入文本。

（2）如图2-27所示，为表格工具的属性工具栏。

图2-27 表格工具的属性工具栏

（3）同样，我们可以设置文本的字体名称、字体大小、颜色以及粗体、斜体、下划线等特性。

（4）在单元格上按下鼠标左键，拖动鼠标可以选择多个单元格。如果可以合并，则工具栏的 ▦ 按钮变为可用，按下它可以将选定的单元格合并为一个单元格。

（5）如图2-28所示，按下 ▦ 按钮会弹出【拆分单元格】对话框，可以将当前编辑的单元格或者当前选定的单元格拆分。

（6）编辑表格相关功能介绍：

①按下 ▣ 按钮，可以指定单元格的背景颜色。

图2-28 【拆分单元格】对话框

②按下 ▨、▨，可以为单元格添加或者去掉内部斜线。

③按下 ▦，在当前行前面插入一个新的表格行。

④按下 ▦，在当前行后面插入一个新的表格行。

⑤按下 ▦，在当前列左边插入一个新的表格列。

⑥按下 ▦，在当前列右边插入一个新的表格列。

⑦如图2-29所示，▦ 按钮用来设置选定单元格内部的文本对齐方式，按下右边的箭头后，弹出【对齐方式】面板，如图所示分别代表九种对齐方式。

⑧操作步骤：用选择与修改工具选中单元格内部的文本；点对齐方式，选择下拉菜单中，九种对齐方式中需要的某一种；再点击对齐方式图标。这时将看到单元格内的文本以该对齐方式显示。

⑨选定一组单元格，按【Delete】键，则该组单元格内容全部清除。

⑩如图2-30（a）所示，移动表格，当鼠标点击表格时，表格的左上角会有一个拖动柄。拖动该图标可以移动表格。

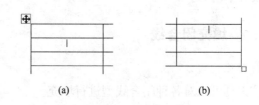

(a)　　　　　　　　　　(b)

图2-29 【对齐方式】面板　　　　图2-30 移动表格

⑪调整表格大小，当鼠标点击表格时，表格的右下角也会显示一个调整手柄如图2-30（b）所示。拖动该手柄可以调整表格大小。

⑫调整行高，当鼠标位于行的边界上时，鼠标会变成相应光标，按下鼠标可以调整行高。

⑬调整列宽，当鼠标位于列的边界上时，鼠标会变成相应光标，按下鼠标可以调整列宽。需要说明的是，如果只想调整一列中某几个单元格的宽度，可以先将它们选中，然后调整它们的宽度。

⑭在表格上单击鼠标右键，选择菜单，弹出【表格属性】对话框，如图2-31所示。在这里可以设定表格线宽、表格线颜色以及单元格的边距等。

图2-31 【表格属性】对话框

十五、A字符串工具

1. 功能

该工具可以输入需要的文本文字。

2. 操作

（1）选择要插入文本的左上角位置按下鼠标，在弹出的【文本】对话框中输入要求的文本。

（2）在文本上方按下鼠标，可以拖动文本。

（3）在文本周围的圆形控制点上按下鼠标，可以以左上角点为中心旋转文本，如果旋转的同时按下【Ctrl】键，则文本只在与水平方向呈45°线上旋转。

（4）当选中文本时，属性工具栏的显示 宋体 ▼ 四号 ▼ A▼ B I U 。可以设置文本的字体、大小、颜色、粗体、斜体、下划线等。

（5）在选中状态按【Delete】键可以删除文本。双击鼠标，可以在弹出的字体对话框中修改文本内容。

十六、填充闭合线

1. 功能

该工具可以对各种闭合线型进行填充。

2. 操作

（1）用【矩形】、【椭圆】、【曲线】等工具在工作区画一个封闭的图形。

（2）选择填充闭合曲线工具，鼠标点击封闭的图形。

（3）这时标准工具栏出现填充的属性栏（图2-32）。

图2-32 【标准工具栏】

（4）在右边的下拉三角菜单，选择填充的方式。

（5）这时封闭的图形就被填充了。

（6）当选择位图填充的时候，弹出【打开】窗口，选择适当的图片，按【打开】即可（图2-33）。

（7）其他填充方式的操作方法也与此相同。在这里，还可以参考前面所述的闭合曲线工具的填充操作步骤进行填充。

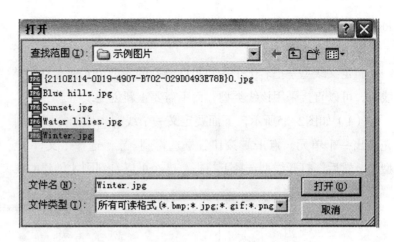

图 2-33 【打开】对话框

十七、加入位图

1. 功能

该工具可以在工作区里加入位图。

2. 操作

（1）选择该工具，在工作区里点击鼠标左键。弹出【打开】窗口。

（2）选择要加入的图片，点击【打开】，这时选择的位图就显示在工作区了。

（3）选中的图片周围会有8个控制点。通过拖动控制点可以调整图片的高度、宽度等。

（4）在图片上方按下鼠标，可以拖动图片，改变位置。

（5）按【Delete】键可以删除该图片。

十八、工艺图库 / 定义线型

1. 功能

该工具可以将画好的图元保存为工艺图库，还可以与开口曲线结合，进行定义线型。

2. 工艺图库操作

（1）曲线和文本都可以保存到工艺图库。

（2）单选或框选图元，按右键，出现工艺图的控制点。

（3）可以拖动控制点来调整图元的位置、大小。调整图元的大小时，按住【Shift】键可以保持纵横比进行缩放。释放【Shift】键，可以进行旋转。

（4）选【文件】菜单的【保存到工艺图库】，在弹出的对话框中指定一个文件名，可以将选定的图元保存到文件。

（5）如果想插入工艺图，可以在工作区要插入的位置双击鼠标，确定一个矩形，然后弹出【工艺图库】对话框（图2-34）。选择一个要插入的工艺图，点击【确定】按钮，将工艺图插入到当前工艺单。

3. 自定义线型

自定义线型是把若干个用户自己绘制的线型单元保存到线类型里。然后，在下一次画线时，可以直接采用该线类型，而不需要重新创建线型。

（1）如图2-35所示，下面要定义一个线型，比如需要绘制一个绷缝线迹，经分析，先画出一个单元。点击 █ 按钮，框选得到 XX，选择【文件】菜单的【填加到自定义线型】，然后，打开线型选择下拉框，已经可以看到刚才创建的线型。

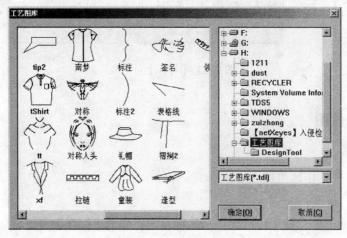

图 2-34 【工艺图库】对话框

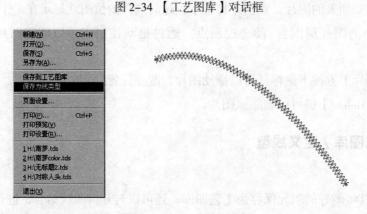

图 2-35 自定义线型

（2）管理自定义线型：打开线型下拉列表，选中一个不需要的线型，按【Delete】可以删除该线型。

十九、▨ 改变图元的层

1. 功能

该工具可以将图元按照一定的顺序进行排列，以达到需要的效果。

2. 操作

（1）移动鼠标到图元上方，当图元以第一提示颜色（即红色）显示时，按下鼠标左键，将图元上移一层。按下鼠标右键将图元下移一层。

（2）按【Page Up】将图元移到最顶层。按【Page Down】将图元移动到最底层。

二十、■对称画工具

1. 功能

该工具可以在画图元的时候，以对称轴的方式，在对称轴左侧画，右侧也同时显示出来。

2. 操作（以画领子为例）

（1）如图2-36所示，先用对称画工具在工作区画一条对称轴［图2-36（a）］，然后用非闭合曲线工具画领子的弧线［图2-36（b）］，画好后，单击鼠标右键确定，这时一个基本的领型完成［图2-36（c）］。

（2）用鼠标选择【选择修改工具】来调整领子的外形，调整满意的效果后，取消对称画工具图标［图2-36（d）］。

（3）这时，如果需要重新修改线条，而对称轴不显示时，用【选择修改】箭头工具选中对称图元，对称轴将再次显示。

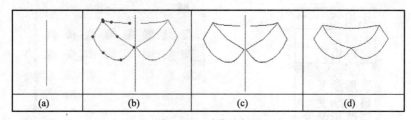

图 2-36　对称画领子

（4）调整线条后，按下鼠标右键，或者用左键单击空白区域或者非对称图元，原对称线将消失。

二十一、■拾取闭合线

1. 功能

该工具可以将不同的线段所共同构成的区域拾取为闭合的曲线，并进行填充。

2. 操作

（1）如图2-37（a）所示，在工作区画三条线。

（2）选择该工具，选择其中的一点作为起始点，按照如下所示的图例，在两线的交点点击鼠标左键（点1），如图2-37（b）所示，在线上点击鼠标左键（点2），在交点点击鼠标左键（点3），在线上点击鼠标左键（点4），在交点点击鼠标左键（点5），在线上点击鼠标左键（点6），对于其他组成闭合曲线的线段较多的以此类推，回到起始的交点上，再点击鼠标左键（点7），最后单击鼠标右键，如图2-37（c）所示，结束操作。

（3）再选择■填充闭合曲线工具，点击闭合曲线的区域，这时闭合区域周围的线段变为红色，在快捷工具栏出现了填充闭合曲线工具的属性对话框（图2-38）。

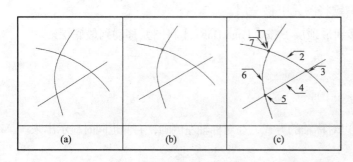

图 2-37　拾取闭合线步骤 1

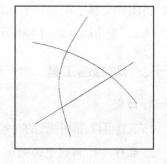

图 2-38　拾取闭合线步骤 2

（4）这时，可以选择该属性对话框右边的下拉三角菜单，选择需要的填充类型进行填充，例如：选择纯色填充，可以选择渐变开始的颜色或渐变结束的颜色进行填充，并点击该图标后面的下拉三角，选择合适的颜色进行填充（图2-39）。

（5）如图2-40所示为填充后的效果显示，用户可以根据实际的绘图效果来使用该工具。

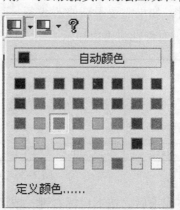

图 2-39　填充颜色

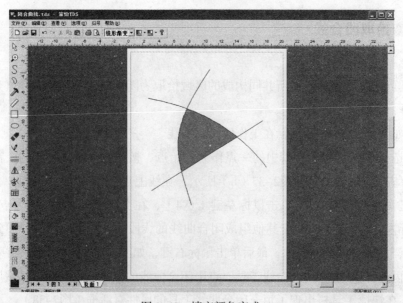

图 2-40　填充颜色完成

第四节　菜单工具栏

本节主要讲解富怡工艺单软件系统中菜单中的各种功能，包括文件、编辑、查看、选项、归号、帮助等功能介绍。

一、文件菜单（图2-41）

文件菜单中存放有对整个文件起作用的各种命令，包括新建、打开、保存、另存为、打印等等命令。【新建】、【打开】、【保存】、【另存为】、【打印】、【打印预览】【打印设置】这些命令在标准工具栏都对应有快捷图标，请参阅标准工具栏的介绍。

1.保存到工艺图库

（1）功能：可以将选中的图元保存到工艺图库中，以便下次需要时调出使用。

（2）操作：详细操作请参照工艺图库工具的介绍。

2.输入HPGL文件

（1）功能：可以将绘图仪文件（*.plt文件）添加到工艺单中。

（2）操作（有两种输入方式）：

①在菜单栏中，增加【文件】→【输入HPGL文件】菜单项，当按下该项时，弹出对话框，选中【*.plt】文件，可将该文件输入到工艺单中。

②在工艺图库对话框中的组合框中，增加【HPGL（*plt）】菜单项，当选中该项时，可从右侧列表框的树式控件中选中包含【*plt】的文件夹，左侧列表框将显示该文件夹中所包含的【*plt】文件，选中该文件，将显示在工艺单中。

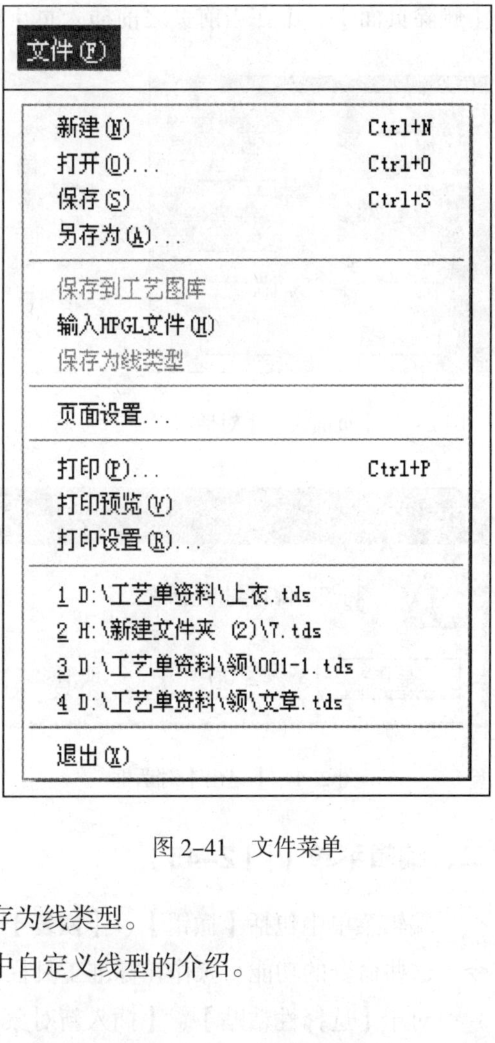

图 2-41　文件菜单

3.保存为线类型

（1）功能：可以将各种不同线的效果，保存为线类型。

（2）操作：详细操作请参照工艺图库工具中自定义线型的介绍。

4.页面设置

页面设置可以通过页面设置对话框来完成，选择【文件菜单】→【页面设置】，如图

2–42所示为【页面设置】对话框。在这里，用户可以选择标准的页面大小，也可以自己定义页面的大小。插入删除页面。

5.页面的操作

富怡TDS可以创建多个页面的工艺单。

（1）图2–43所示的页面工具栏表示该工艺单有3页，显示有页面1、页面2、页面3，当前页面显示的是页面1。用鼠标点击【页面2】或者【页面3】，就可以将当前页切换为第2页或第3页。

（2）单击 ◄ 将切换到最前页（第1页），单击 ► 可以将当前页面切换到最后页（第3页）。同理按下 ► 切换到下一页，按下 ◄ 切换到前一页。如果已经是最前页或者最后页，那么刚才的 ► 或者 ◄ 将变成 ✚。

（3）这时如果按下 ✚，会在最前或最后插入一页。

（4）如图2–43所示，在页面标题上按下鼠标右键会弹出上下文菜单，我们可以选择【删除页面】、【在当前页之前插入页】或者【在当前页之后插入页】。

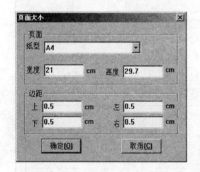

图 2–42 【页面大小】对话框

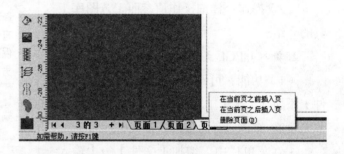

图 2–43 页面的操作

图 2–44 【退出】对话框

6.退出

（1）功能：可以退出TDS当前窗口操作。

（2）操作：如图2–44所示，用鼠标选退出，这时会弹出"将改动保存到无标题？"选择【是】，就是保存该文件，反之为【否】，【取消】为不退出当前操作。

二、编辑菜单（图2-45）

编辑菜单中包括【撤销】、【恢复】、【剪切】、【复制】、【粘贴】和【打印】命令，这些命令的功能与操作在标准工具栏都对应有快捷图标，请参阅标准工具栏的介绍。

对于【选择性粘贴】、【插入新对象】、【链接】、【对象】这些命令是与【OEM嵌入】工具相结合使用的，详细的操作请参阅设计工具栏的介绍。

1. 位图复制

（1）功能：可以退出TDS当前窗口操作。

（2）操作：

①用矩形、椭圆、曲线等工具在工作区画一个封闭的图形。

②选择 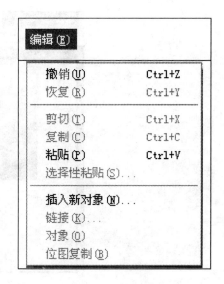 填充闭合曲线工具，鼠标点击封闭的图形。

③如图2-46所示，出现【标准工具栏】对话框。

④如图2-47所示，在右边的下拉三角菜单，选择填充的方式。

⑤如图2-48所示，当选择位图填充的时候，弹出【打开】窗口，选择适当的图片，按【打开】即可。

图 2-45　编辑菜单

2. 位图复制

（1）用 工艺图库的工具，框选工作区的位图，这时位图的边线为红色状态，处于选中状态，如图2-49（a）所示，选择【编辑】菜单→【位图复制】，如图2-49（b）所示。

（2）打开【Microsoft Excel】窗口，选择Book上的一个单元格，再点击鼠标右键，选择【粘贴】，那么该位图就被粘贴到窗口上了（图2-50）。

图 2-46　标准工具栏

图 2-47　【填充方式】对话框

图 2-48　【打开】对话框

(a)

(b)

图 2-49　位图复制

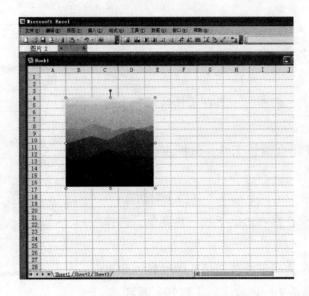

图 2-50　打开【Microsoft Excel】的窗口

三、查看菜单（图2-51）

查看菜单用于控制界面中各工具栏及其他构成元素的显隐。勾选【工具栏】、【状态栏】、【标尺】、【设计工具栏】则显示对应内容，反之则不显示。

四、选项菜单（图2-52）

1. 系统设置

系统设置内有很多个选项卡，可对系统进行各项设置。

（1）如图2-53所示，【系统设置】对话框中的【工作单位】选项卡参数说明。

该选项卡用于确定系统所用的度量单位。在mm（毫米）、cm（厘米）、in（英寸）三个单位里单击选择一种，并单击【显示精度】文本框旁的三角菜单，在下拉列表框内选择确定系统要达到的精度。在选择英寸的时候，可以选择分数格式与小数格式。

图 2-51　查看菜单

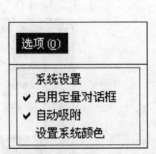

图 2-52　选项菜单

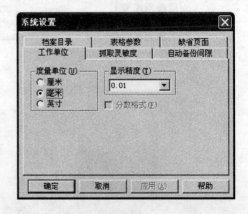

图 2-53　【系统设置】对话框

（2）如图2-54所示，【系统设置】对话框中的【抓取灵敏度】选项卡参数说明。

该选项卡用于设定鼠标抓取的灵敏度，鼠标抓取的灵敏度是指以抓取点为圆心，以像素为半径的圆。像素越多，范围越大，如显示器分辨率为800×600像素，取5~15像素即可。

（3）如图2-55所示，为【系统设置】对话框中的【自动备份间隙】选项卡参数说明。

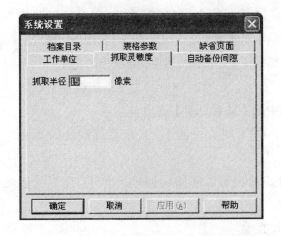

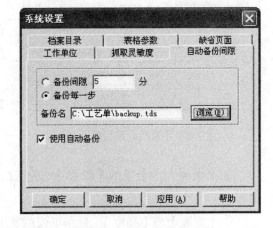

图2-54 【系统设置】对话框　　　　　　　图2-55 【系统设置】对话框

①【备份间隙】：该选项卡用来设置备份的时间间隙为多长。

②【备份每一步】：是指备份操作的每一步。

③【备份名】：指定备份的路径和备份名。可以选择【浏览】指定路径和备份名。如果不想使用自动备份，则去掉【使用自动备份】前的勾选号即可。

（4）如图2-56所示，【系统设置】对话框中的【档案目录】选项卡参数说明。

勾选【将工艺单文件保存到指定目录】，则可将所有文件保存到指定目录内。选用本项后，纸样就不能再存到其他目录中，系统会提示你一定要保存到指定目录内，这时只有选择指定目录才能保存。

（5）如图2-57所示，【系统设置】对话框中的【表格参数】选项卡参数说明。

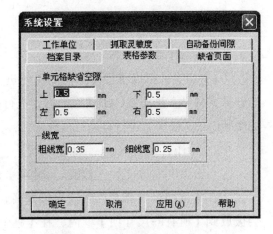

图2-56 【系统设置】对话框　　　　　　　图2-57 【系统设置】对话框

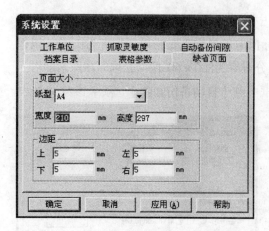

图 2-58 【系统设置】对话框

①【单元格缺省空隙】：在一个单元格内，填充文字时，距离单元格边缘上下左右的距离分别为0.5mm，这里可以根据实际需要进行设定。

②【线宽】：组成单元格线条的宽度，其中，【粗线宽】是指构成表格外框线条的宽度，【细线宽】是指构成表格内部线条的宽度。

（6）如图2-58所示为【系统设置】对话框中的【缺省页面】选项卡。

①【缺省页面】：是指系统默认的页面设置。

②【页面大小】里的【纸型】：是指纸张型号，可以选择A4型号，也可以选择其他型号。

③【宽度】与【高度】：是指纸张的宽度与高度。

④【边距】：是指距离纸张边的边距。

2. 启用定量对话框

勾选该选项后，使用传统工具绘制纸样就能弹出尺寸定量对话框，可以输入需要的尺寸，去掉勾选则不会弹出尺寸对话框。

3. 自动吸附

其作用在于如何抓取不同的线（直线、曲线等）上的点。自动吸附关键点有：线图元的端点（起点和终点）、折线的中间点、两曲线的交点、曲线上的最近点。

4. 设置系统颜色

对于在操作TDS文件时，系统设置在第一步骤、第二步骤以及后续步骤设置不同的颜色显示。建议使用者正常使用，不要改变系统颜色。

五、归号菜单（图2-59）

1. 输入尺寸名

（1）功能：可以将很多不同的尺码进行归号分类，并将生成的归号文件导入到服装CAD软件中去，进行打板，或放入已经做好的服装CAD文件中，进行自动打板放码。

图 2-59　归号菜单

（2）操作：

①点击菜单【归号】→【输入尺寸名】，弹出【输入尺寸名】对话框（图2-60）。

②在【增加尺寸名】框内输入尺寸名，点击【增加尺寸名】，则输入的尺寸名称就会被放到【所有的尺寸项】框内，在【请输入人数（行数）】框内输入所需的行数（图2-61）。

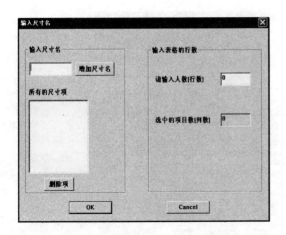 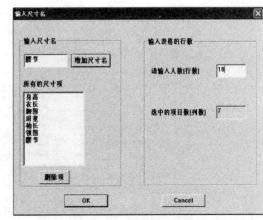

图 2-60　【输入尺寸名】对话框　　　　　图 2-61　【输入尺寸名】对话框

③点击【OK】按钮，则工作区里就会显示尺寸表格，点击单元格，逐项输入所需的尺寸，输入尺寸名的工作就完成了（图2-62、图2-63）。

（3）注意：在输入的尺寸数据中，所有的数据都要求以mm为单位。

2. 归号计算

（1）功能：归号计算是输入尺寸名的后续步骤，两者结合，才可以做出归号文件。

（2）操作：

①输入尺寸后，再点击【归号】→【归号计算】，弹出【选择归号依据】对话框（注：如果输入的行数较多，可能占有几个页面，这时将工作区的页面显示选择第一页，然后再进行归号计算）。

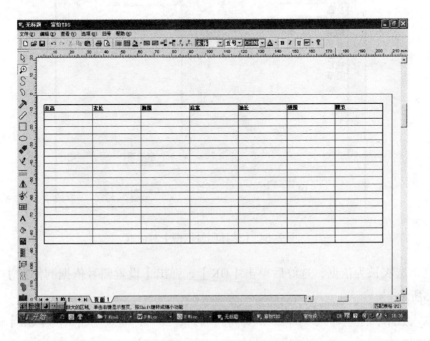

图 2-62　尺寸表格

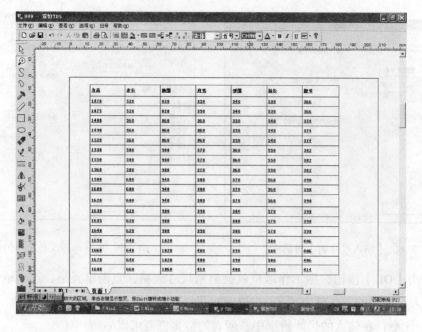

图 2-63　输入尺寸表格完成

②如图2-64所示，在【选择归号依据的项】框内单击选择归号依据，这里可以选一项，也可选多项，选中的项就会被放到【归号依据项】框内。

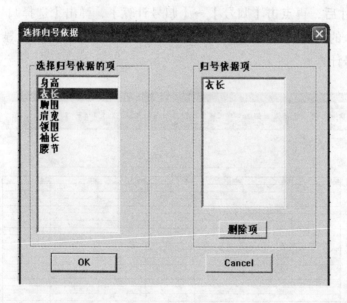

图 2-64　【选择归号依据】对话框

③这里选衣长为依据，选好后单击【OK】，弹出【设置归号依据的信息】对话框，如图2-65所示。

④输入数据，这里输入"600"，身高间隔为"20"，输入完成点击【OK】键确认。

⑤如图2-66所示，弹出【保存归号输出结果】对话框。

图 2-65 【设置归号依据的信息】对话框　　　　图 2-66 【保存归号输出结果】对话框

⑥单击【确定】，弹出【另存为】对话框，选好保存的路径，单击【保存】，则归号文件就被保存了。而在页面2里就会显示出归号的结果（图2-67）。

（3）注意：人数分布的含义解释：该文件选择的是以衣长为归号依据的项，衣长间隔为20mm，则每隔20mm为一个号型。例如，在560~580之间可以有的尺寸为565、570、575，其中570为中间值，在中间值和中间值之上的归为580号型，即570、575归入580号型，在中间值之下的归为560号型，即565归入560号型。而人数分布是指在尺寸表里有几行尺寸被归号到一个号型里。

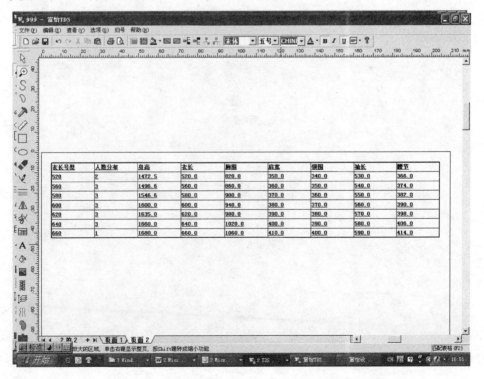

图 2-67　归号计算

六、帮助菜单（图2-68）

1. 帮助主题

对TDS软件工具的操作有详细的解释，可以帮助使用者了解学习，并尽快地掌握软件的操作。

2. 关于TDS

介绍该软件的版本、版权所有、开发商的公司全名、网址等信息。客户如需升级，请在这里查看软件的版本号，然后向开发商联系（图2-69）。

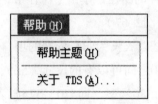

图 2-68　帮助菜单　　　　　　　　　　图 2-69　【关于 TDS】面板

第三章　绘制服装款式图

服装款式图是工艺单中必不可少的图形表现手法。本章着重讲解运用富怡工艺单软件绘画服装款式图。以具体的实操步骤指导读者运用富怡工艺单软件进行服装款式图绘制。

第一节　裙子

本节讲述运用富怡工艺单软件绘制裙子款式图（图3-1）。

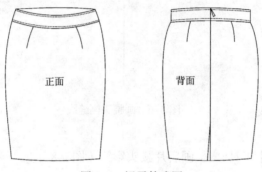

图 3-1　裙子款式图

一、画前片

1.画基础线

选择【对称画】工具 ，在工作区画一条对称线（图3-2）。

2.画腰头

（1）选择【直尺】工具 ，按住【Shift】键画腰头水平线，画好后，单击鼠标右键确定（图3-3）。

（2）选择【选择修改】工具 ，调顺腰口弧线（图3-4）。

（3）选择【平行复制】工具 ，将腰口线平行复制。注意：使用【平行复制】工具时，对称线会消失，将腰口线平行复制后，选择【对称画】工具 画一条对称线（图3-5）。

（4）选择【直尺】工具 ，画腰头侧缝线（图3-6）。

（5）将线型框修改为虚线 ，选择【平行复制】工具 将腰口线平行复制，画腰头上工艺缉线。使用【平行复制】工具时，对称线会消失，将腰头上工艺缉线画好后，选择【对称画】工具 画一条对称线（图3-7）。

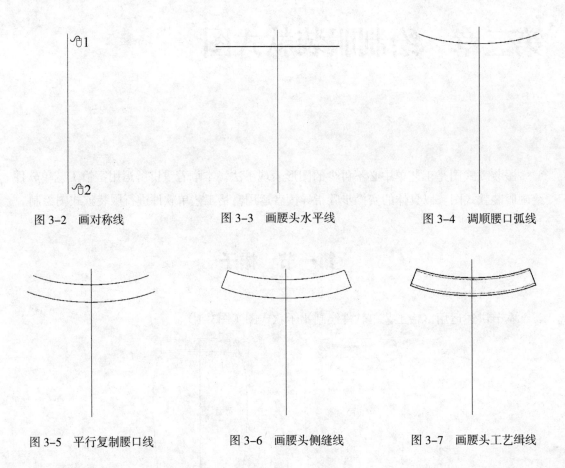

图 3-2　画对称线　　　　　　图 3-3　画腰头水平线　　　　　图 3-4　调顺腰口弧线

图 3-5　平行复制腰口线　　　　图 3-6　画腰头侧缝线　　　　　图 3-7　画腰头工艺缉线

（6）选择【直尺】工具 ✐，画后片腰头影线（图3-8）。

（7）选择【选择修改】工具 ▷，调顺后片腰头影线（图3-9）。

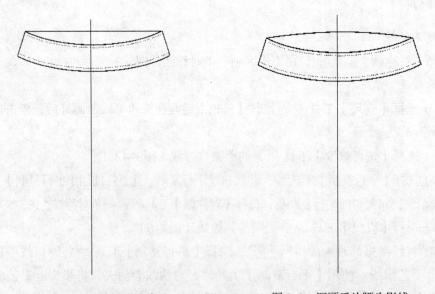

图 3-8　画后片腰头影线　　　　　　　图 3-9　调顺后片腰头影线

3.画前片

（1）选择【直尺】工具 ✐ ，画前片底边（图3-10）。

（2）选择【直尺】工具 ✐ ，画前片侧缝线，选择【选择修改】工具 ⌖ 调顺前片侧缝线（图3-11）。

（3）选择【非闭合曲线】工具 S ，画前片省线（图3-12）。

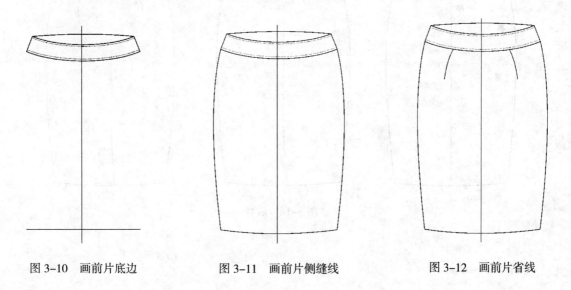

图 3-10　画前片底边　　　图 3-11　画前片侧缝线　　　图 3-12　画前片省线

二、画后片

1.画基础线

选择【对称画】工具 🐭 ，在工作区画一条对称线（图3-13）。

2.画腰头

（1）选择【直尺】工具 ✐ ，画后片腰口线，选择【选择修改】工具 ⌖ ，调顺后片腰口线（图3-14）。

（2）参照前片的绘图方法把后片腰头画好（图3-15）。

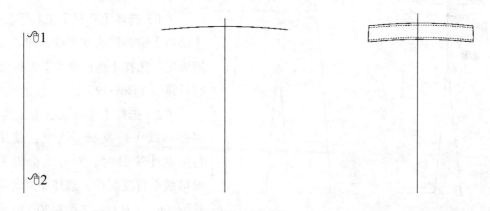

图 3-13　画对称线　　　图 3-14　画后片腰口线　　　图 3-15　画后片腰头

3. 画后片

参照前片的绘图方法画好后片（图3-16）。

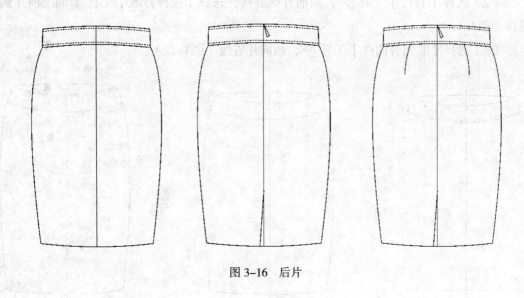

图 3-16　后片

第二节　裤子

本节讲述运用富怡工艺单软件绘制裤子款式图（图3-17）。

一、画前片

1. 画基础线

选择【对称画】工具 ，在工作区画一条对称线（图3-18）。

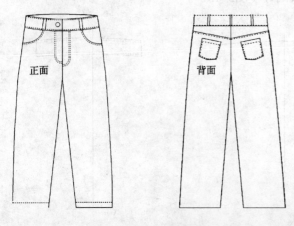

图 3-17　裤子款式图

2. 画腰头

（1）选择【直尺】工具 ，按住【Shift】键画腰头水平线，单击鼠标右键确定。选择【选择修改】工具 调顺腰口弧线（图3-19）。

（2）选择【平行复制】工具 ，将腰口线平行复制。注意：使用【平行复制】工具时，对称线会消失，将腰口线平行复制后，选择【对称画】工具 画一条对称线（图3-20）。

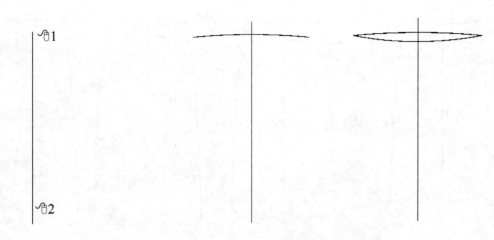

图 3-18　画对称线　　　　　　　　　　　　　　　图 3-19　画腰口线

（3）将线型框修改为虚线 ，选择【平行复制】工具，将腰口线平行复制，画腰头上工艺缉线。注意：使用【平行复制】工具时，对称线会消失，将腰头上工艺缉线画好后，选择【对称画】工具 画一条对称线（图3-21）。

（4）选择【直尺】工具 ，画腰头侧缝线（图3-22）。

3. 画裤筒

（1）选择【直尺】工具 ，画前片侧缝线，选择【选择修改】工具 ，调顺前片侧缝线（图3-23）。

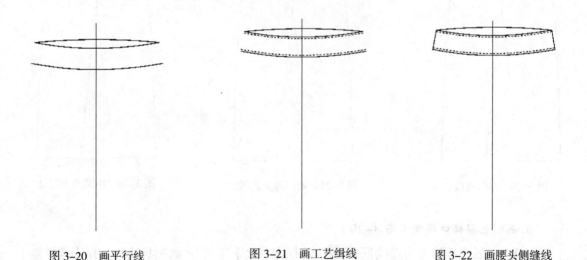

图 3-20　画平行线　　　　　图 3-21　画工艺缉线　　　　　图 3-22　画腰头侧缝线

（2）选择【直尺】工具 ，画前片裤口线（图3-24）。

（3）选择【直尺】工具 ，画后裆线和下裆线（内侧缝线）（图3-25）。

4. 画门襟

（1）将线型框修改为虚线 ，选择【直尺】工具 画门襟线，选择【选择修

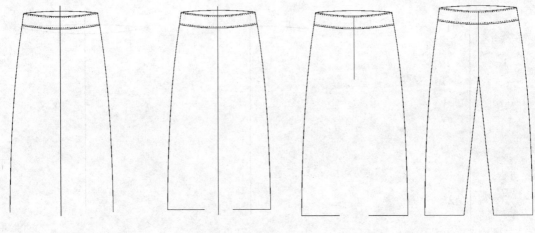

图 3-23　画前片侧缝线　　　图 3-24　画前片裤口线　　　图 3-25　画后裆线和不裆线

改】工具 ▨ 调顺门襟线（图3-26）。

（2）选择【平行复制】工具 ▤，平行复制门襟线，画门襟工艺缉线（图3-27）。

（3）选择【椭圆/圆】工具 ◯，画腰头上的纽扣（图3-28）。

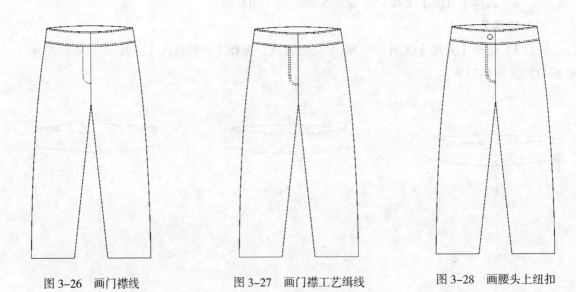

图 3-26　画门襟线　　　　　图 3-27　画门襟工艺缉线　　　图 3-28　画腰头上纽扣

5. **画侧袋和裤口缉线**（图 3-29）

（1）将线型框修改为虚线 ┈┈▾，选择【直尺】工具 ✎ 画侧袋线，选择【选择修改】工具 ▨ 调顺侧袋线。

（2）将线型框修改为虚线 ┈┈▾，选择【平行复制】工具 ▤，将侧袋线平行复制，画侧袋工艺缉线。

（3）将线型框修改为虚线 ┈┈┈▾，选择【平行复制】工具 ▤，将裤口线平行复制，画裤口缉线。

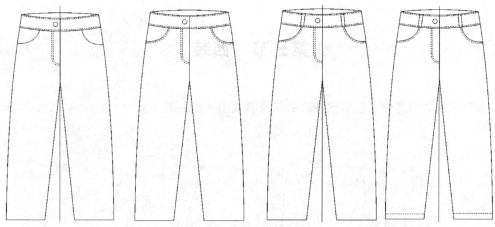

图 3-29 画侧袋和裤口缉线

二、画后片

（1）参照前片的绘制步骤和方法，运用【直尺】工具 ✎ ，画好后片腰头和串带。将线型框修改为虚线 ┌┈┈┈┈▾┐ ，选择【平行复制】工具 ☰ ，画腰头上工艺缉线（图3-30）。

（2）运用【直尺】工具 ✎ ，画好裤口线、内侧缝线、后育克、后贴袋（图3-31）。

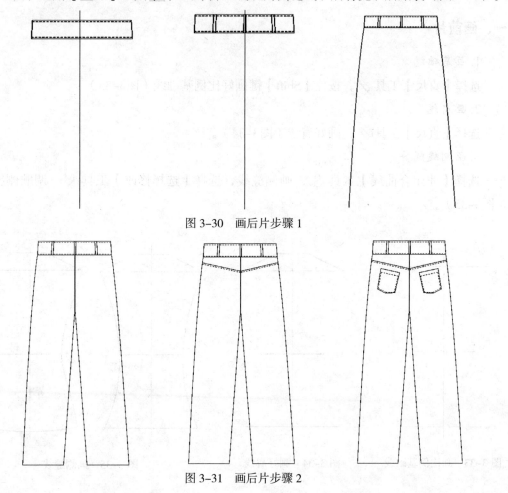

图 3-30 画后片步骤 1

图 3-31 画后片步骤 2

第三节　西装

本节讲述运用富怡工艺单软件绘制西装款式图（图3-32）。

正面　　　　　　　　　背面

图 3-32　西装款式图

一、画前片

1.画基础线

选择【直尺】工具 ✐，按住【Shift】键画好比例基础线（图3-33）。

2.画肩线

选择【直尺】工具 ✐，画好肩线（图3-34）。

3.画侧缝线

选择【非闭合曲线】工具 S，画侧缝线，选择【选择修改】工具 ▷，调顺侧缝线（图3-35）。

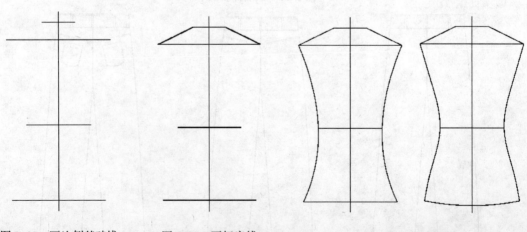

图 3-33　画比例基础线　　　图 3-34　画好肩线　　　图 3-35　画侧缝线

4. 画袖子

选择【非闭合曲线】工具 S ，画袖缝线，选择【选择修改】工具 ↳，调顺袖缝线。
选择【对称线】工具 ▲，将袖缝线对称复制（图3-36）。

5. 画领子

选择【非闭合曲线】工具 S ，画领子，选择【选择修改】工具 ↳，调顺领子。选择
【对称线】工具 ▲，将领子对称复制完整（图3-37）。

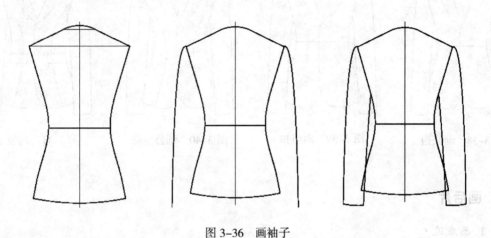

图 3-36　画袖子

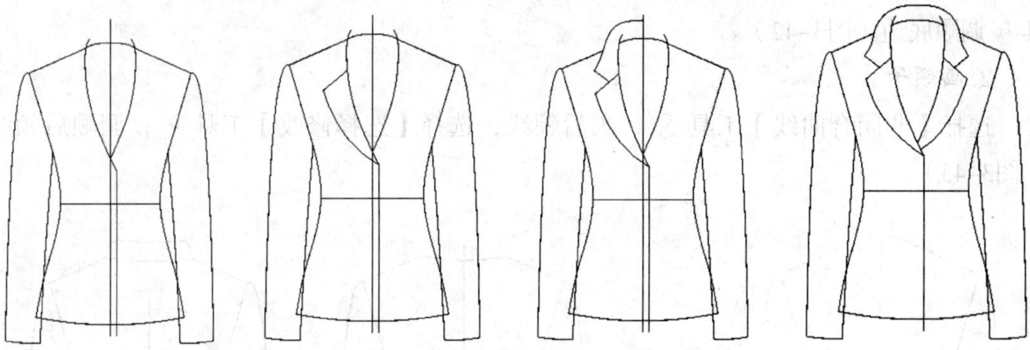

图 3-37　画领子

6. 画底边

选择【非闭合曲线】工具 S ，画底边，选择【选择修改】工具 ↳，调顺底边。选择
【对称线】工具 ▲，将底边对称复制完整（图3-38）。

7. 画纽扣

选择【椭圆/圆】工具 ⬭，画纽扣（图3-39）。

8. 画公主缝

选择【非闭合曲线】工具 S ，画公主缝，选择【选择修改】工具 ↳，调顺公主缝。
选择【对称线】工具 ▲，对称复制公主缝（图3-40）。

9. 画袋盖

选择【直尺】工具 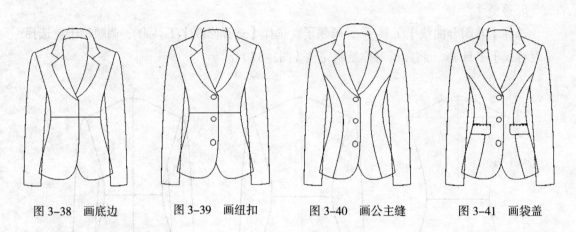 和【非闭合曲线】工具 S，画袋盖，选择【对称线】工具 ⚠️，对称复制袋盖（图3-41）。

图 3-38　画底边　　　　图 3-39　画纽扣　　　　图 3-40　画公主缝　　　　图 3-41　画袋盖

二、画后片

1. 画底边

在前片基础线上画后片，选择【非闭合曲线】工具 S 画底边，选择【选择修改】工具 ⬚ 调顺底边（图3-42）。

2. 画领子

选择【非闭合曲线】工具 S，画后领线，选择【选择修改】工具 ⬚，调顺后领线（图3-43）。

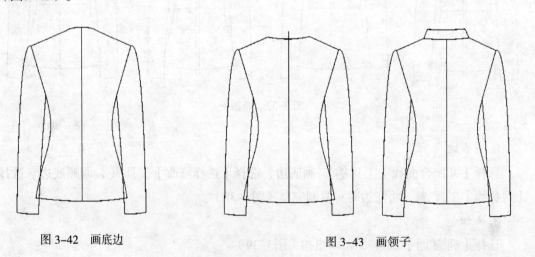

图 3-42　画底边　　　　　　　　　　　图 3-43　画领子

3. 画公主缝

选择【非闭合曲线】工具 S，画公主缝，选择【选择修改】工具 ⬚，调顺公主缝

（图3-44）。

4.画袖缝线

选择【非闭合曲线】工具 S ，画袖缝线，选择【选择修改】工具 ， 调顺袖缝线（图3-45）。

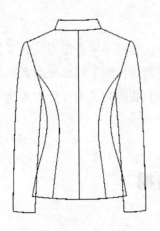 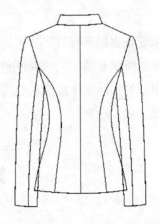

图 3-44 画公主缝　　　　　　　　　图 3-45 画袖缝线

第四章　服装生产工艺单

本章着重根据不同服装款式进行服装工艺单设计，通过不同类型服装的工艺单实训，加深读者对所学服装知识的理解和对服装企业实际生产过程的了解，使读者初步掌握服装工艺单编制的实际操作技能，提高读者的全面素质和职业能力，为今后进入这一工作岗位奠定基础。

第一节　时装裙

时装裙的生产工艺单及面辅料用量明细表见表4-1、表4-2。

表 4-1　时装裙生产工艺单

深圳市××时装有限公司——生产工艺单										
设计师		制板师		工艺师			单位		cm	
款号	C0000028	制单号	C0028	款式		时装裙	制单日期		2012-05-06	
下单细数				布样		款式图				
颜色	S	M	L	XL	合计	（略）	正面　　背面			
玫红色					700					
绿色					500					
黑色					600					
蓝色					600					
比例	1	3	4	4						
合计	请按以上比例分配				2400					
成衣尺寸表										
部位	测量方法	S	M	L	XL	部位	测量方法	S	M	L	XL
裙长	腰头至底边	54	56	58	60	腰围	全围	66	70	74	78
臀围	全围	88	92	96	100	摆围	全围	94	98	102	104
工艺要求										
裁床	面料先缩水，松布后24小时开裁，避免边差、段差、布疵。大货测试面料缩率后按比例加放后方可铺料裁剪。倒插排料单件一个方向									

续表

工艺要求	
粘衬部位（落朴位）	腰头、后片装饰袋盖、粘衬。粘衬要牢固，勿渗胶
用线	明线用配色粗线，暗线用配色粗线。针距：12针/2.5cm
缝份	整件缝份按M码样衣缝份制作，拼缝顺直平服，所有明线线迹不可过紧，要美观，压线要平服，不可起扭，线距宽窄要一致
前片	1.按照对位标记收好侧缝上的省，省尖不可起窝 2.前片贴袋根据实样包烫好后，按照对位标志缉缝好前片贴袋。不可外露缝份，完成袋口平服，左右贴袋位置对称 3.前中缉明线，门襟根据实样缉明线 4.门襟拉链左盖右，搭位0.6cm，装里襟一边拉链压子口线，装单门襟一边拉链缉双线，门襟用拉链牌实样缉单线，缉线圆顺，不可起毛须，拉链平服，里襟盖过门襟贴，门里襟下边平车钉位
后片	1.后育克（后机头）缉明线，拼接后中左右育克拼缝要对齐 2.后片装饰袋盖按实样底面做运反，按对点标志缝装饰袋盖，袋盖一周缉明线,完成后不可外露缝份 3.后片装饰条要平服于后片上，不能有宽窄或起扭现象 4.后片装饰条按纸样上标志打好气眼，气眼穿绳，并把绳子系成蝴蝶状
下摆	底边缉2cm宽单线，缉线圆顺，不可宽窄或起扭
腰头	1.腰头按实样包烫，腰头在与裙片缝合时要控制好腰围尺寸 2.按对位标志装好串带（耳仔），装腰一周缉线，底面缉线间距保持一致，装好后腰头要平服，不可有宽窄或起扭，两头不可有高低或有“戴帽”现象
整体要求	整件面料不可有驳线、跳针、污渍等，各部位尺寸与工艺单尺寸表相符，里料内不可有杂物
商标吊牌	商标、尺码标、成分标车于后腰头下居中
锁钉	1.气眼×30（要牢固，位置要准）　2. 纽扣×6
后序整理	修净线毛，油污清理干净，大烫全件根据面料性能熨烫，要求平挺，小心不可起极光
包装	单件入一胶袋，按分码胶袋包装，不可错码
备注	具体工艺做法参照纸样及样衣，如做工及纸样有疑问，请及时与跟单员联系

表 4-2 时装裙面/辅料用量明细表

深圳市××时装有限公司——面/辅料用量明细表							
款式	时装裙	面料主要成分				款号	C0000028
名称	颜色搭配	规格（M）	单位	单件用量	用法	款式图（正面）	
面料	玫红色		m			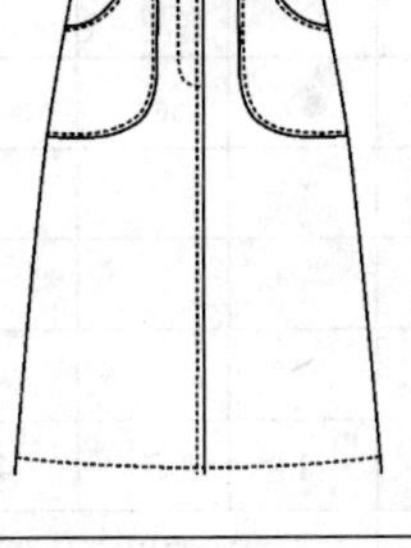	
	绿色		m				
	黑色		m				
	蓝色		m				
衬料	白色		m				
拉链	配色		条	1	前中		
纽扣	黑色	20#	粒	1	腰头		

深圳市××时装有限公司——面/辅料用量明细表							
款式	时装裙	面料主要成分				款号	C0000028
装钉纽扣	黑色	20#	粒	3	串带	款式图（背面）	
装饰纽扣	黑色	20#	粒	2	袋盖		
气眼	配色		套	30			
装饰绳	配色		条	2			
商标			个	1			
尺码标			个	1			
成分标			个	1			
吊牌			套	1			
包装胶袋			个	1		辅料实物贴样处	
具体做法请参照纸样及样衣							
大货颜色	下单总数	用线方法					
绿色	700	面料色	面线	底线			
黑色	500						
玫红色	600						
蓝色	600						
备注							
设计部		技术部			样衣制作部		
材料管理部		生产部			制作日期		

第二节 休闲裤

休闲裤生产工艺单及面/辅料用量明细表见表4-3、表4-4。

表4-3 休闲裤生产工艺单

深圳市××时装有限公司——生产工艺单							
设计师		制板师		工艺师		单位	cm
款号	P0000031	制单号	P0031	款式	休闲裤	制单日期	2012-05-06
下单细数					布样	款式图	
颜色	S	M	L	XL	合计		
深灰					700		
绿色					500		
黑色					600	（略）	
银色					600		
比例	1	3	4	4			
合计	请按以上比例分配				2400	前面　背面	

续表

成衣尺寸表											
部位	度量方法	S	M	L	XL	部位	度量方法	S	M	L	XL
裤长	外侧腰头直下	63.8	65	66.2	67.4	腰围	腰口处弯量	66	70	74	78
臀围	腰头下17cm处	88	92	96	100	横裆	裆底量	58.7	61	63.3	65.6
裤口	全围	32	34	36	38	前裆	含腰头	24.4	25	25.6	26.2
后裆	含腰头	36	37	38	39	拉链长	前中	10	10	10	10

工艺要求	
裁床	面料先缩水，松布24小时后开裁，避免边差、段差、布疵。大货测试面料缩率后按比例加放后方可铺料裁剪。倒插排料单件一个方向
粘衬部位（落朴位）	腰头、前后裤口、后袋盖粘衬。粘衬要牢固，勿渗胶
用线	底线用配色细线，面线用配色粗线。针距：1.细线：12针/2.5cm。2.粗线：10针/2.5cm
缝份	整件缝份按M码样衣缝份制作，拼缝顺直平服，所有明线线迹不可过紧，压线要美观，拼合缝要平服，不可起扭，线距宽窄要一致
前片	1.按对位标志收前袋口省顺直，省尖不可起窝，袋口缉明线，前侧对位标志缉褶，褶距均匀，左右对称 2.前袋口底面做运反，不可露缝份，袋口再按实样缉一条装饰线，按对位记号缉线，要求平服，左右对称，线型圆顺 3.门襟拉链左盖右，叠门位0.6cm，装里襟一边拉链压缝线，装单门襟一边拉链缉双线，门襟装饰线用门襟实样缉双线。横裆处不可起阳光褶，拉链平服自然；门里襟下边打套结加固
后片	后袋盖按实样做反面缉线，不可露缝份。按对位标志钉袋盖，下边按实样缉袋型线要圆顺，左右对称。后片拼接位压线，前后侧缝拼合缝对齐缉线
裤口	裤口按实样包烫，裤口按纸样缉装饰线，线距要均匀，底面脚口做反面缉线，不可露缝份
腰头	1.腰头按实样包烫，腰头在与裤片缝合时要控制好腰围尺寸 2.按对位标志装串带，装腰一周压线，底面缝合一致，腰头要平服，不可有宽窄或起扭现象，两头不可有高低或有"戴帽"现象 3.串带做1.2cm宽，两边压明线，钉串带要牢固，放少许松量，左右对称
里料	里料缉线不可过紧，套里料平服，套前中转角方正，不可有毛边，横裆处用里料条钉位
整体要求	整件面料不可有驳线、跳针、污渍等，各部位尺寸与工艺单尺寸表相符，里料内不可有杂物
商标吊牌	1.商标缝于后腰头居中，暗线钉两头 2.尺码标缝于商标穿起左侧居中 3.成分标缝于穿起左侧里料上10cm处
锁钉	1.凤眼×2（要牢固，位置要准） 2.纽扣×2
后序整理	修净线毛，油污清理干净，大烫全件根据面料性能熨烫，要求平挺，小心不可起极光
包装	单件入一胶袋，按分码胶袋包装，不可错码
备注	具体工艺做法参照纸样及样衣，如做工及纸样有疑问，请及时与跟单员联系

表 4-4 休闲裤面 / 辅料用量明细表

深圳市××时装有限公司——面/辅料用量明细表							
款式	休闲裤	面料主要成分				款号	P0000031
名称	颜色搭配	规格（M）	单位	单件用量	用法	款式图（正面）	
面料	深灰		m				
	绿色		m				
	黑色		m				
	银色		m				
里料	配色		m				
衬料	白色		m				
拉链	配色	28#	条	1	前中		
纽扣	黑色		粒	2	腰头	款式图（背面）	
商标			个	1			
尺码标			个	1			
成分标			个	1			
吊牌			套	1			
包装胶袋			个	1			
具体做法请参照纸样及样衣						辅料实物贴样处	
大货颜色	下单总数		用线方法				
深灰	700	面料色	面线	底线			
绿色	500						
黑色	600						
银色	600						
备注							
设计部		技术部		样衣制作部			
材料管理部		生产部		制作日期			

第三节　衬衫

衬衫的生产工艺单及面/辅料用量明细表见表4-5、表4-6。

表4-5　衬衫生产工艺单

<table>
<tr><td colspan="10" align="center">深圳市××时装有限公司——生产工艺单</td></tr>
<tr><td>设计师</td><td></td><td>制板师</td><td></td><td colspan="2">工艺师</td><td></td><td>单位</td><td colspan="2">cm</td></tr>
<tr><td>款号</td><td colspan="2">C0000031</td><td>制单号</td><td colspan="2">C0031</td><td>款式</td><td>衬衫</td><td>制单日期</td><td>2012-04-06</td></tr>
<tr><td colspan="6" align="center">下单细数</td><td colspan="2" align="center">布样</td><td colspan="2" align="center">款式图</td></tr>
<tr><td>颜色</td><td>S</td><td>M</td><td>L</td><td>XL</td><td>合计</td><td colspan="2" rowspan="8"></td><td colspan="2" rowspan="8"></td></tr>
<tr><td>白色</td><td></td><td></td><td></td><td></td><td>800</td></tr>
<tr><td>红色</td><td></td><td></td><td></td><td></td><td>600</td></tr>
<tr><td>蓝色</td><td></td><td></td><td></td><td></td><td>600</td></tr>
<tr><td>花色</td><td></td><td></td><td></td><td></td><td>600</td></tr>
<tr><td>比例</td><td>2</td><td>3</td><td>4</td><td>2</td><td></td></tr>
<tr><td>合计</td><td colspan="4">请按以上比例分配</td><td>2400</td></tr>
</table>

（布样略）

正面　　　　背面

成衣尺寸表

部位	度量方法	S	M	L	XL	部位	度量方法	S	M	L	XL
衣长	领肩点至底边	54.5	56	57.5	59	肩宽	两肩点水平测量	37	38	39	40
领围	内领弧长	35	36	37	38	胸围	全围	88	92	96	100
腰围	全围	72	76	80	84	摆围	下摆顺量	89	93	97	101
袖长	袖山顶点至袖口	20.5	21	21.5	22	袖肥	全围	30.4	32	33.6	35.2
袖口	全围	27	28	29	30						

工艺要求

裁床	面料先缩水，松布24小时后开裁，避免边差、段差、布疵。大货测试面料缩率后按比例加放后方可铺料裁剪。倒插排料单件一个方向
粘衬部位	翻领、领座、门襟粘衬。粘衬要牢固，勿渗胶
用线	用配色细线；针距：细线：12针/2.5cm
缝份	整件缝份按M码样衣缝份制作，拼缝顺直平服，所有明线线迹不可过紧，压线要美观，拼合缝要平服，不可起扭，线距宽窄要一致
前片	1.前中按对位标志收碎褶。褶距均匀，左右对称 2.门襟按实样包烫，门襟顺直平服，不可毛口。门襟里面缝线间距要一致 3.前侧与前中分割缝拼合自然顺畅、平服
后片	后侧与后中分割缝拼合自然顺畅、平服
下摆	底边按烫印缉0.6cm线，压线圆顺，不可有宽窄、起扭现象，不可露缝份
领子	1.翻领和领座均按实样包烫，翻领里面做运反，领里稍带紧，做好领自然后翻，翻领一周压0.6cm宽单线，不可露缝份或掉底线 2.用领实样装领座，修剪好缝边，装好领座后两头圆顺、左右对称 3.按领弧线上的对位标志装领，压明线一周，里面缝份间距一致，装好后领部圆顺，左右对称，两头不可有"戴帽"现象或露装领线

	工艺要求
袖子	1.按袖窿弧线和袖山弧线上的对位标志缩袖子，袖山顶部按对位标志收褶，褶距均匀，左右对称 2.袖口按对位标志与袖克夫缝合，袖口按对位标志收褶，褶距均匀，左右对称 3.袖克夫一周缉0.1cm明线，袖克夫平服，不可有宽窄现象
整体要求	整件面料不可驳线、跳针、有污渍等，各部位尺寸与工艺单尺寸表相符
商标吊牌	1.商标用配色线缉于后中下2cm处 2.尺码标缉于商标（穿起）左侧上下居中 3.成分标缉于穿起左侧里料上12cm处
锁钉	1.平眼×6（要牢固，位置要准）　2.纽扣×6
后序整理	修净线毛，油污清理干净，大烫全件按面料性能熨烫，要求平挺，小心不可起极光
包装	单件入一胶袋，按分码胶袋包装，不可错码
备注	具体工艺做法参照纸样及样衣，如做工及纸样有疑问，请及时与跟单员联系

表 4-6　衬衫面/辅料用量明细表

深圳市××时装有限公司——面/辅料用量明细表

款式	衬衫	面料主要成分					款号	C0000031
名称		颜色搭配	规格（M）	单位	单件用量	用法	款式图（正面）	
面料		白色		m				
		红色		m				
		蓝色		m				
		花色		m				
衬料		白色		m				
纽扣		白色	16#	粒	6	前中		
商标				个	1			
尺码标				个	1		款式图（背面）	
成分标				个	1			
吊牌				套	1			
包装胶袋				个	1			
具体做法请参照纸样及样衣							辅料实物贴样处	
大货颜色		下单总数		用线方法				
白灰		800		面料色	面线	底线		
红色		600						
蓝色		600						
花色		600						
备注								
设计部		技术部			样衣制作部			
材料管理部		生产部			制作日期			

第四节 连衣裙

连衣裙生产工艺单及面/辅料用量明细表见表4-7、表4-8。

表 4-7 连衣裙生产工艺单

深圳市××时装有限公司——生产工艺单									
设计师		制板师		工艺师			单位		cm
款号	C0000033	制单号	C0033	款式		连衣裙	制单日期		2012-05-06

下单细数						布样	款式图		
颜色	S	M	L	XL	合计				
白色					800				
红色					600	（略）			
蓝色					600				
花色					600				
比例	2	3	4	2			正面		背面
合计	请按以上比例分配				2400				

成衣尺寸表										
部位	度量方法	S	M	L	XL	部位	度量方法	S	M	L	XL
衣长	领肩点至底边	96	98	100	102	肩宽	两肩点水平测量	36	37	38	39
胸围	全围	87	91	95	99	腰围	全围	70	74	78	82
摆围	下摆顺量	150	154	158	162	袖长	袖山顶点至袖口	8	8.5	9	9.5
袖口	全围	18	19	20	21						

工艺要求	
裁床	面料先缩水，松布24小时后开裁，避免边差、段差、布疵。大货测试面料缩率后按比例加放后方可铺料裁剪。倒插排料单件一个方向
用线	用配色细线 针距：细线11针/2.5cm
缝份	1.整件缝份按M码样缝份制作，拼缝顺直平服，所有明线线迹不可过紧，压线要美观，拼合缝要平服，不可起扭，线距宽窄要一致 2.所有缝份用三线绷缝机绷边，绷边线路不宜过紧
前片	1.前领口按对位标志收省，领口绷0.6cm明线，绷线圆顺，不可有宽窄或起扭现象；内不可见缝份，完成后领口贴不起空，左右对称 2.腰节上的一字褶按纸样要求绷缝合一段。一字褶上口风琴褶不缝死。绷褶顺直，褶距要均匀 3.拼合腰节下半节做散口风琴褶，散口要修顺不可有锯齿现象，腰节位绷织带要平服。褶位不可拉斜。完成后风琴褶宽窄一致。风琴褶位处绷定位线 4.拼合右侧按纸样位置装隐形拉链，腰位拉开装拉链，拉链处缝顺直平服、无豁口、拉链底部无窝。拉链尾留2.5cm长的本色布包缝并两边绷定位线。拉链头毛边绷于袖窿底缝份中，拉链头胶齿平齐开口
后片	1.后片按点位收省顺直，省尖不起窝，左右对称 2.腰节上的一字褶按纸样要求缝合一段。一字褶上口风琴褶不缝死，车褶顺直，褶距要均匀 3.拼合腰节下半节做散口风琴褶，散口要修顺，不可有锯齿现象，腰节位绷织带要平服。褶位不可拉斜，完成后风琴褶宽窄一致。风琴褶位处绷定位线

工艺要求	
下摆	底边缉线不可有宽窄或起扭
袖子	按袖窿弧线和袖山弧线上的对位标志绱袖子,装袖圆顺平服,不可有明显褶皱。衣身袖窿不可拉松(建议衣身袖窿弧线先车一圈定位线)。袖口环口缉1cm宽明线,袖窿弧线没有装袖子部分车0.6cm宽单线。不可外露缝份
整体要求	整件面料不可驳线、跳针、有污渍等,各部位尺寸与工艺单尺寸表相符,面料的缝份要修均匀,不可有杂物,否则会外透
商标吊牌	1.商标用配色线缉于后中下2cm处 2.尺码标缉于商标(穿起)左侧居中 3.成分标缉于穿起左侧里料上20cm处
锁钉	前领口钉珠
后序整理	修净线毛,油污清理干净,大烫全件按面料性能熨烫,要求平挺,小心不可起极光
包装	单件入一胶袋,按分码胶袋包装,不可错码
备注	具体工艺做法参照纸样及样衣,如做工及纸样有疑问,请及时与跟单员联系

表 4-8 连衣裙面 / 辅料用量明细表

深圳市 × × 时装有限公司——面/辅料用量明细表							
款式	连衣裙	面料主要成分				款号	C0000033
名称		颜色搭配	规格(M)	单位	单件用量	用法	款式图(正面)
面料		白色		m			
		红色		m			
		蓝色		m			
		花色		m			
钻石绸		黑色		m		腰节	
隐形拉链		黑色		m	1	右侧	
圆钻		白色		颗	7	领口	
商标				个	1		款式图(背面)
尺码标				个	1		
成分标				个	1		
挂牌				套	1		
包装胶袋				个	1		
具体做法请参照纸样及样衣							辅料实物贴样处
大货颜色		下单总数	用线方法				
白灰		800	面料色	面线	底线		
红色		600					
蓝色		600					
花色		600					
备注							
设计部			技术部		样衣制作部		
材料管理部			生产部		制作日期		

第五节　女西装

女西装生产工艺单及面/辅料用量明细表见表4-9、表4-10。

表4-9　女西装生产工艺单

深圳市××时装有限公司——生产工艺单									
设计师		制板师			工艺师			单位	cm
款号	C0000038	制单号	C0038		款式	女西装		制单日期	2012-05-06

下单细数						布样	款式图		
颜色	S	M	L	XL	合计				
黑色					800				
咖啡色					600	（略）			
蓝色					600				
灰色					600				
比例	2	3	4	2			正面		背面
合计	请按以上比例分配				2400				

成衣尺寸表										
部位	度量方法	S	M	L	XL	部位	度量方法	S	M	L	XL
衣长	领肩点至底边	64	66	68	70	肩宽	两肩点水平测量	38	39	40	41
胸围	全围	90	94	98	102	腰围	全围	74	78	82	86
摆围	下摆顺量	94	98	102	106	袖长	袖山顶点至袖口	55.5	57	58.5	60
袖肥	全围	31.4	33	34.6	35.2	袖口	全围	24	25	26	27

工艺要求	
裁床	面料先缩水，松布24小时后开裁，避免边差、段差、布疵。大货测试面料缩率后按比例加放后方可铺料裁剪。倒插排料单件一个方向
用线	用配色细线　针距：细线11针/2.5cm
粘衬部位	领子、挂面、袋盖、后领粘衬。粘衬要牢固，勿渗胶
缝份	整件缝份按M码样衣缝份制作，拼缝顺直平服，所有明线线迹不可过紧，压线要美观，拼合缝要平服，不可起扭，线距宽窄要一致
前后片	1.所有缝线的颜色要与对应部位一致，针距适宜，底面线松紧适宜。在驳头、下摆、领口、袖窿等处粘牵条衬加固时，不要抻拉牵条，要均匀压烫 2.将前中片与前侧片拼缝后，按纸样位置装袋位。袋盖和袋位左右对称 3.后中片与后侧片拼缝线路适宜，平服自然顺畅
下摆	缝合下摆，将衣片底边折边沿线扣折，用绷缝固定，再用手针缲边
领子	按领子上的对位标志装领，以免错位，注意领子平整、自然服帖
袖子	按袖窿弧线和袖山弧线上的对位标志绱袖子，装袖圆顺平服，不可有明显褶皱。衣身袖窿不可拉松（建议衣身袖窿弧线先缲一圈定位线）
里料	缝合里料的前衣片与挂面时要把握面料特性，先用手针假缝固定，然后缲缝1cm，前片里料腰省向侧片倒烫。里料线迹不可过紧，穿起左袖留口反衫，套里平服，肩部用里料条钉位，留2.5cm长

续表

工艺要求	
整体要求	整件面料不可驳线、跳针、有污渍等，各部位尺寸与工艺单尺寸表相符，缝份要修均匀，不可有杂物，否则会外透
商标吊牌	1.商标用配色线缉于后中下2cm处，缉四周 2.尺码标缉于商标下正中 3.成分标缉于穿起左侧里料上12cm处
锁钉	1.凤眼×2（要牢固，位置要准） 2.纽扣×2
后序整理	修净线毛，油污清理干净，大烫全件根据面料性能熨烫，要求平挺，小心不可起极光
包装	单件入一胶袋，按分码胶袋包装，不可错码
备注	具体工艺做法参照纸样及样衣，如做工及纸样有疑问，请及时与跟单员联系

表 4-10 女西装面 / 辅料用量明细表

深圳市××时装有限公司——面/辅料用量明细表

款式	女西装	面料主要成分				款号	C0000038
名称	颜色搭配	规格（M）	单位	单件用量	用法	款式图（正面）	
面料	黑色		m				
	咖啡色		m				
	蓝色		m				
	灰色		m				
里料	黑色		m				
衬料	白色		m				
纽扣	黑色		粒	2	前中		
商标			个	1		款式图（背面）	
尺码标			个	1			
成分标			个	1			
吊牌			套	1			
包装胶袋			个	1			

具体做法请参照纸样及样衣				辅料实物贴样处	
大货颜色	下单总数	用线方法			
黑色	800	面料色	面线	底线	
咖啡色	600				
蓝色	600				
灰色	600				
备注					
设计部		技术部		样衣制作部	
材料管理部		生产部		制作日期	

第六节　时装 T 恤

时装T恤生产工艺单及面/辅料用量明细表见表4-11、表4-12。

表 4-11　时装 T 恤生产工艺单

深圳市××时装有限公司——生产工艺单							
设计师		制板师		工艺师		单位	cm
款号	C0000040	制单号	C0040	款式	时装T恤	制单日期	2012-05-07

下单细数 / 布样 / 款式图

颜色	S	M	L	XL	合计
黑色					800
白色					600
蓝色					600
灰色					600
比例	1	4	4	4	
合计	请按以上比例分配				2600

布样：（略）

款式图：正面　背面

成衣尺寸表

部位	度量方法	S	M	L	XL	部位	度量方法	S	M	L	XL
衣长	领肩点至底边	54	56	58	60	肩宽	两肩点水平测量	37	38	39	40
胸围	全围	92	96	100	104	摆围	全围	82	96	90	94
袖口	扣起量	36	37	38	39						

工艺要求

裁床	面料先缩水，松布24小时后开裁，避免边差、段差、布疵。大货应在测试面料缩水率后按比例加放方可铺料裁剪。倒插排料单件一个方向
粘衬部位	领子、门襟、袖襻粘衬。粘衬要牢固，勿渗胶
用线	底线、面线用配色细线　　针距：细线：11针/2.5cm
缝份	1.整件缝份按M码样衣缝份制作，拼缝顺直平服，所有明线线迹不可过紧，压线要美观，拼合缝要平服，不可起扭，线距宽窄要一致 2.所有缝用三线绷缝机绷边。绷边线路不宜过紧
前后片	1.门襟按实样包烫，顺直平服，不可外露缝份。门襟一周绷明线 2.袖口环口绷1.5cm宽单线，绷线不可宽窄或起扭，左右对称 3.袖串带（袖襻）一周绷0.1cm明线，完成平服，不可宽窄。按纸样点位钉袖串带，压2.5cm宽单线，内不见毛头，左右要对称
下摆	下摆贴按净样包烫，按对位点装贴圆顺，下摆贴按烫印绷线，绷线圆顺，不可宽窄、起扭或外露缝份，下摆侧处按纸样位置及要求尺寸用细罗纹收皱，完成左右要对称（12cm），罗纹中间要定位绷线
领子	1.领子按净样包烫，面领做运反，底领稍带紧，做好领自然后翻，领子一周绷0.6cm宽线，不可外露缝份或底掉线 2.领圈修顺后按三刀口装领，一周绷止口线，底面止口一致，装领圆顺，左右对称，两头不可有戴帽现象或露装领线

续表

	工艺要求
整体要求	整件面料不可驳线、跳针、有污渍等，各部位尺寸与工艺单尺寸表相符，注意：白色面料的缝份要修均匀，不可有杂物，否则会外透
商标吊牌	1.商标用配色线缉于后中下2cm处 2.尺码标缉于商标（穿起）左侧居中 3.成分标缉于穿起左侧里料上12cm处
锁钉	1.开扣门×8　2.钉纽×8（要牢固）
后序整理	修净线毛，油污清理干净，大烫全件按面料性能熨烫，要求平挺，小心不可起极光
包装	单件入一胶袋，按分码胶袋包装，不可错码
备注	具体工艺做法参照纸样及样衣，如做工及纸样有疑问，请及时与跟单员联系

表 4-12　时装 T 恤面 / 辅料用量明细表

深圳市××时装有限公司——面/辅料用量明细表							
款式	时装T恤	面料主要成分				款号	C0000040
名称	颜色搭配	规格（M）	单位	单件用量	用法	款式图（正面）	
钻石绸	白色		m				
	红色		m				
	蓝色		m				
	花色		m				
衬料	白色		m				
细罗纹	配色		m	1	下摆		
金属纽	黑色	24#	粒	8+1备纽			
商标			个	1		款式图（背面）	
尺码标			个	1			
成分标			个	1			
吊牌			套	1			
包装胶袋			个	1			
具体做法请参照纸样及样衣						辅料实物贴样处	
大货颜色	下单总数	用线方法					
白灰	800	面料色	面线	底线			
红色	600	402#配色线					
蓝色	600						
花色	600						
备注							
设计部		技术部		样衣制作部			
材料管理部		生产部		制作日期			

第七节　时装夹克

时装夹克生产工艺单及面/辅料用量明细表见表4-13、表4-14。

表4-13　时装夹克生产工艺单

深圳市××时装有限公司——生产工艺单									
设计师		制板师		工艺师			单位		cm
款号	C0000042	制单号	C0042	款式		时装夹克	制单日期		2012-05-09
下单细数					布样		款式图		

颜色	S	M	L	XL	合计
黑色					800
咖啡色					600
蓝色					600
灰色					600
比例	2	3	4	2	
合计	请按以上比例分配				2400

（布样：略）

（款式图：正面、背面）

成衣尺寸表

部位	度量方法	S	M	L	XL	部位	度量方法	S	M	L	XL
衣长	领肩点至底边	57	58	60	62	肩宽	两肩点水平测量	39	40	41	42
胸围	全围	94	98	102	106	腰围	全围	80	84	88	92
摆围	下摆顺量	100	104	108	112	袖长	袖山顶点至袖口	56.5	58	59.5	61
袖肥	全围	35	36.6	38.2	39.8	袖口	全围	23	24	25	26

工艺要求

裁床	面料先缩水，松布24小时后开裁，避免边差、段差、布疵。大货测试面料缩率后按比例加放后方可铺料裁剪。倒插排料单件一个方向
粘衬部位	挂面、后领贴、门襟、袖克夫（介英）、前后下摆、袖开衩、前片装饰片粘衬。粘衬要牢固，勿渗胶
用线	明线用配色粗线，暗线用配色粗线。针距：1.暗线：11针/2.5cm 2.明线：10针/2.5cm
缝份	整件缝份按M码样衣缝份制作，拼缝顺直平服，所有明线线迹不可过紧，压线要美观，拼合缝要平服，不可起扭，线距宽窄要一致
前后片	1.拼接缝圆顺，前片装饰片按实样做运反平服，一周缉0.6cm宽线，前片装饰片内暗线钉针，不可有漏洞，左右对称 2.前下拉链代用布条开口，四角方正不可毛口，拉链平服，拉链不可起拱，一周缉线，不可外露缝份，左右对称 3.后中片与后侧片拼合缝均缉0.6cm宽线
下摆	下摆按净样折烫距边2cm宽缉双线与下摆边缉死，缉线不可宽窄或起扭，下摆装贴压缉口线，完成下摆宽窄要一致，不可外露缝份
领子	1.领口做风琴褶，外领口夹罗纹，领子一周缉0.6cm宽线，罗纹纹路要直，完成不可有宽窄。内领口缉2.5cm宽单线，缉线不可宽窄、起扭或外露缝份，风琴褶内装拉链平服，拉链不可起拱或毛角，一周缉止口线，拉链内垫里料，防止口外露 2.帽中做来去缝，不可见缝份，帽口缉2cm宽单线，不可宽窄或起扭。帽完成按对位点装于领内。按三刀口装领，装领圆顺平服，左右对称

工艺要求	
袖子	1.袖身按点位打气眼，气眼一周内垫里料绲1.6cm宽隧道，橡筋绳长与隧道长相符，左右对称 2.袖衩按实样包烫，按点位开袖衩平服，不可毛角，完成袖衩平服，宽窄要一致，左右对称 3.袖克夫按净样包烫，袖口按点位车褶。袖克夫一周绲0.6cm宽单线，完成袖口平服，宽窄一致，左右对称 4.按袖隆弧线和袖山弧线上的对位标志绱袖子，装袖圆顺，吃势均匀，不偏前走后，大身不可拉松，左右对称
前中拉链	1.前中换拉链压脚，装一条露齿拉链，拉链平服，不可起拱，拉链两边绲0.6cm宽单线，底面绲线一致 2.门襟底面按净样做熨反（先钉暗扣），装门襟顺直，一周绲0.6cm宽单线，完成门襟不可宽窄或起扭
里料	做里子线迹不可过紧，穿起左袖留口反衫，套里平服，肩部用里料条钉位留2.5cm
整体要求	整件面料不可驳线、跳针、有污渍等，各部位尺寸与工艺单尺寸表相符，注意：白色面料的缝份要修均匀，不可有杂物，否则会外透
商标吊牌	1.商标用配色线绲于后中下2cm处 2.尺码标绲于商标（穿起）左侧居中 3.成分标绲于穿起左侧里料上12cm处
锁钉	1.四合扣×10（要牢固，位置要准） 2.气眼×4 3.撞钉×4
后序整理	修净线毛，油污清理干净，大烫全件按面料性能熨烫，要求平挺，小心不可起极光
包装	单件入一胶袋，按分码胶袋包装，不可错码
备注	具体工艺做法参照纸样及样衣，如做工及纸样有疑问，请及时与跟单员联系

表 4-14 时装夹克面 / 辅料用量明细表

深圳市××时装有限公司——面/辅料用量明细表							
款式	时装夹克	面料主要成分				款号	C0000033
名称	颜色搭配	规格（M）	单位	单件用量	用法	款式图（正面）	
面料	黑色		m				
	咖啡色		m				
	蓝色		m				
	灰色		m				
里料	配色		m				
衬料	白色		m				
罗纹	配色		m				
胶牙开尾拉链	配色	5#	条	1	前中		
白铜开尾拉链	配色	3#	条	1	领子	款式图（背面）	
白铜密尾拉链	配色	3#	条	1	口袋		
纽扣	配色	36#	粒	5			
四合扣	黑色	20#	套	6			
金属猪鼻扣	黑色		个	4			
气眼	黑色		套	4			
橡筋绳	配色		米	1.2			
带钻撞钉	黑色		个	4			
商标			个	1			

深圳市××时装有限公司——面/辅料用量明细表							
款式	时装夹克	面料主要成分				款号	C0000033
尺码标				个	1	辅料实物贴样处	
成分标				个	1		
吊牌				套	1		
包装胶袋				个	1		
具体做法请参照纸样及样衣							
大货颜色	下单总数		用线方法				
黑灰	800		面料色	面线	底线		
咖啡色	600						
蓝色	600						
灰色	600						
备注							
设计部		技术部			样衣制作部		
材料管理部		生产部			制作日期		

第八节　大衣

大衣生产工艺单及面/辅料用量明细表见表4-15、表4-16。

表4-15　大衣生产工艺单

深圳市××时装有限公司——生产工艺单									
设计师		制板师		工艺师		单位		cm	
款号	C0000046	制单号	C0046	款式	大衣	制单日期		2012-05-12	
下单细数					布样	款式图			
颜色	S	M	L	XL	合计				
黑色					800	（略）	正面　　背面			
绿色					600					
蓝色					600					
灰色					600					
比例	2	3	4	2						
合计	请按以上比例分配				2600					
成衣尺寸表									
部位	度量方法	S	M	L	XL	部位	度量方法	S	M	L	XL
衣长	领中点至底边	86	88	90	92	肩宽	两肩点水平测量	38.5	39.5	40.5	41.5
胸围	全围	96	100	104	108	摆围	全围	122	126	130	134
领围	内领	53	54	55	56	领围	外领	63	64	65	66
袖长	袖中直至袖口	58	59	60	61	袖肥	全围	38	39.6	41.2	42.8
袖口	全围	26	27	28	29						

工艺要求	
裁床	面料先缩水，松布24小时后开裁，避免边差、段差、布疵。大货测试面料缩率后按比例加放后方可铺料裁剪。倒插排料单件一个方向
粘衬部位	内外挂面、内外后领贴、内外领子、袋盖粘衬。粘衬要牢固，勿渗胶
用线	明线用配色粗线，暗线用配色细线。针距：1.暗线：11针/2.5cm。2.明线：10针/2.5cm
缝份	整件缝份按M码样衣缝份制作，拼缝顺直平服，所有明线线迹不可过紧，压线要美观、拼合缝要平服，不可起扭，线距宽窄要一致
前后片	1.拼接前公主缝缉0.6cm单明线，按点位开前袋，开袋平服，袋口不可毛口。袋盖要盖过袋口，袋盖反折后不可外露缝份，左右对称 2.后下按纸样缉条，缉条顺直，条距要均匀，后中按实样包烫，绣花位要居中，拼接缝转角方正平服，一周缉0.6cm单明线
袖子	1.袖口按净样折烫，距袖口4cm宽缉一条2cm宽隧道，隧道内按要求尺寸装橡筋绳，完成袖口平服，缉线不可宽窄或起扭 2.按袖窿弧线和袖山弧线上的对位标志缝袖子，按对位刀口缝袖圆顺，吃势均匀，袖型自然饱满且顺畅，左右对称
下摆	下摆按净样折烫，内折边侧处按点为打气眼穿绳子，绳长跟摆围长度；猪鼻扣均朝上，摆围一周缉2.5cm单明线。缉线不可宽窄或起扭，小心后中折位不可拉斜
领子	1.领面按要求尺寸收碎褶均匀，领边按净样包烫，按对位点装领边，上下均缉0.6cm单明线，底面压线止口要一致。领边不可外露缝份，圆顺平服，不可宽窄或起扭 2.按三刀口装领圆顺平服，两头封口平服，左右对称 3.底面领按净样做运反缉线（领底用撞色面料）按三刀口装领圆顺平服，两头封口平服，左右对称
前中拉链	前中换压脚装一条露齿拉链，装好拉链平服，挂面不可起吊或外露缝份，拉链两边缉0.6cm单明线，底面止口一致；拉链距花边左右宽窄要一致
里料	1.做里料线迹不可过紧，穿起左袖留口反衫。里料平服，肩部用里料条钉位留2.5cm长，肩处留短点 2.里料完成下摆不可有高低，内外层肩处手工钉位
整体要求	整件面料不可驳线、跳针、有污渍等，各部位尺寸与工艺单尺寸表相符，里料内不可有杂物，否则会外透
商标吊牌	1.商标用配色线钉两头，钉暗线（后中领贴下2cm） 2.尺码标缉于商标穿起左侧居中 3.成分标缉于穿起左侧里料上12cm处
锁钉	1.气眼×4 2.肩处手工钉位
后序整理	修净线毛，油污清理干净，大烫全件按面料性能熨烫，要求平挺，小心不可起极光
包装	单件入一胶袋，按分码胶袋包装，不可错码
备注	具体工艺做法参照纸样及样衣，如做工及纸样有疑问，请及时与跟单员联系

表 4-16 大衣面 / 辅料用量明细表

深圳市××时装有限公司——面/辅料用量明细表								
款式	连衣裙	面料主要成分					款号	C0000046
名称		颜色搭配	规格（M）	单位	单件用量	用法	款式图（正面）	
面料		黑色		m				
		绿色		m				
		蓝色		m				
		灰色		m				
撞色布 （大身面料）		紫　　灰		m		领子		
		红　　黑		m				
		咖　　绿		m				
里料		配色		m				
衬料		白色		m				
外门襟拉链		配色面布	5#	条	1			
内门襟拉链		配色面布	5#	条	1		款式图（背面）	
橡筋线		黑色		m		袖口		
橡筋绳		配色		m		下摆		
气眼		钺色		套	1	下摆		
绳扣		钺色		个	1	下摆		
商标				个	1			
尺码标				个	1			
成分标				个	1			
吊牌				套	1			
包装胶袋				个	1			
							辅料实物贴样处	
具体做法请参照纸样及样衣								
大货颜色		下单总数	用线方法					
黑色		800	面料色		面线	底线		
绿色		600						
蓝色		600						
灰色		600						
备注								
设计部			技术部			样衣制作部		
材料管理部			生产部			制作日期		

第五章　服装工业生产流程

服装工业生产流程主要包括：成衣生产前的准备工作、服装款式设计与产品开发、服装工业纸样制作、服装裁剪工艺流程、服装缝制工艺流程、服装后序整理工艺流程及产品入库或出厂。

第一节　成衣生产前的准备工作

成衣生产前的准备工作主要包括成衣面料和辅料的准备工作、服装生产技术文件的制订等。

一、成衣面料的准备工作

成衣面料的准备工作主要任务是：复检服装面料的数量、规格是否符合要求，把好面料入库的质量关。具体而言就是对入库的成衣面料（含里料及黏合材料）进行逐项核查，根据购物清单对服装面料的品名、色泽、数量和规格进行复查验收。复查验收一般采用抽查检验的方法。

1. 面料检验的目的

通过对面料的检验和测定，可有效地提高成衣的正品率，降低次品率，减少返修次数。

2. 面料检验的内容

（1）品名、数量、颜色检查：面料入库前首先应核对出厂标签上品名、颜色、数量及两头印章等标志是否齐全，然后核对品名、颜色、数量是否与订单上的要求一致，每种面料的颜色和数量是否正确，并核查每一种颜色面料是否用同一缸染料进行染色，以最大限度地减少色差。

（2）匹长检查：

①检查方式上，对筒形包装的面料宜放在滚筒形量布机械架上检查。因为这种检查方式能够使检验完的面料又恢复为筒形。

②对折叠包装的面料，一般先量双折叠处之间的长度，再数出全匹面料折叠的层数，用双折叠之间的长度乘以折叠的层数，就可得出其匹长，然后看其匹长是否与标签的长度一致。

③对一些按重量方式作为匹长单位的材料（一般是针织物），根据其定重方式（即每匹织物重量一定，一般经编针织物常采用此方式）或定长方式（即每匹织物长度一致，一般纬编针织物常采用此方式）检查过秤重量，看其重量与标签上标示的重量是否一致。

（3）幅宽检查：幅宽的检查可在检查面料匹长同时进行。检查面料幅宽时应做好详细记录，幅宽差值在0.5cm以上者须在面料上标明，并在入库时分档堆放。发料裁剪时应按最小幅宽数发料。若差距达1cm以上者，根据订单中的要求与供货商协调解决。

①检验一卷面料时，对其幅宽至少要在匹头、中间和匹尾各检查一次。如果某卷面料的幅宽接近规定的最小幅宽或幅宽不均匀，还应增加对该卷面料幅宽的检查次数。

②如果一卷面料的幅宽少于规定的最小采购幅宽，则该卷面料将被定为不合格。

③对机织面料，如果幅宽比规定的采购幅宽宽3.3cm，则该卷面料将被定为不合格。

④注意面料的总体幅宽与可裁剪幅宽的区别。

（4）入库前检查：面料入库前，首先应检查总数量是否与订单上的数量一样，每种颜色及其数量是否正确，并检查每一种颜色面料是否是用同一缸染料染色的，以最大限度地减少色差。

3.面料外观质量检验

面料外观质量检验主要检验面料是否存在破损、经斜、纬斜、污迹、疵点、色差等问题，经砂洗的面料应注意是否存有砂迹、死褶印、排裂等疵点。

（1）纬斜检验：机织物在印染、整理过程中常常受到拉力作用，若拉力不均匀，便会引起面料沿纬纱方向发生歪斜，出现丝缕不正的纬斜现象。如果是条格面料，纬斜严重的还会造成面料的条格扭曲，影响服装外观。

（2）色差检验：用肉眼观察面料左右边色差、面料头尾色差、门幅中间与布边色差等。色差等级按国家标准规定，比色卡可采用GB 250—84，评定变色用灰色样卡。

（3）疵点检验：疵点的检验，可以根据布料的疵点分为色条、横档、斑渍、破损、边疵、轧光皱、织疵等。辅料的检验方法可以参照具体品种要求检验。

4.面料内在质量检验

面料内在质量检验包括面料的收缩率（热缩率、缩水率）、透气性、吸水性、形态稳定性、耐光性、耐化学腐蚀性等。

二、成衣辅料的准备工作

成衣辅料检查同面料检查一样，须检查品名、数量、颜色、规格等是否与订单中的要求相符。物件小、数量大的辅料，如纽扣、挂钩、商标等，可按小包装计数，并抽查小包装中的数量、颜色、质量是否符合要求。

1.衬料

（1）衬料的特点：服装衬料即衬料（南方地区称"朴"），是服装辅料中的重要材料之一，其品种繁多，市场用量大，对服装质量至关重要，能够保证服装结构形态尺寸的稳定，提高服装保暖性、抗皱能力和强度等。按产品种类及用途，衬料分为毛衬、棉衬、麻衬、树脂衬、黏合衬和非织造衬等。

（2）衬料的使用部位和作用：服装的面料和款式种类繁多，用衬时对手感要求较高，要根据面料来选用。毛料面料选用聚胺（PA）胶，新合成纤维及丝绸等轻薄面料则要求选用薄型细点黏合衬。前片、后片、挂面、领口、袖口需用永久性黏合剂。局部黏合如驳头、领尖，袋口、袋盖、衩口、下摆、袋盖、腰带等小件可选用嵌条或暂时性黏合剂。黏合衬主要是起到定型的作用。

2. 里料

里料主要是用来保护面料，遮盖接缝和衬料，使服装美观、整洁且穿着方便。

三、服装生产技术文件的制订

1. 工艺规程

工艺规程是指企业制订的、对其生产的具体产品在整个生产环节中进行工艺方面指导的技术规则，是工艺生产、组织管理、劳动定额、经济核算的重要依据。

（1）工艺规程是用于指导生产的技术文件，其作用有以下三方面：

①实现产品设计、贯彻技术标准的依据和保证。

②决定产品技术经济效果的重要手段。

③组织生产、制订生产计划的基础。

（2）工艺规程分类：工艺规程分为流程工艺和工序工艺。流程工艺多用于事务管理，如服装产品开发、原材料采购、材料检验、财务、销售等；工序工艺主要用于服装的生产加工过程中工序的量化，尤其是在缝制及整烫作业的生产过程中。

2. 制订工艺规程的原则

服装工艺规程的制订，应遵循以技术标准为依据，从实际出发，有良好的操作性，充分采用先进技术，保证工艺统一、合理、高效等原则。

第二节　服装款式设计与产品开发

服装款式设计是服装总体设计的核心工作，也是服装品牌的灵魂。设计是由理念发展到实际产品的过程。一件成衣的构成，首先是确定色彩、选择面料、结构设计处理、局部细节装饰，其次要依据服装款式风格来确定尺寸、打出样衣，经过裁剪、缝制、熨烫、包装等成衣加工工艺流程来完成。

服装设计师必须具备对服装时尚流行的敏锐洞察力，对事物有独特的审美见解，能构思酝酿新颖的设计，并通过特定的方式，将这些形象思维转化为效果图。设计主要是通过点、线、面的巧妙组合及色彩搭配、材料对比、工艺装饰等各种手法，将品牌理念、设计主题、时尚因素及设计师的个性、情感交融在一起，淋漓尽致地表达出来。

一、服装色彩与配饰的协调设计

色彩是服装的核心要素，是塑造品牌风格、企业形象的有效手段。从商品个性的角度出发，色彩的协调设计是总体设计的第一要素。

服装的色彩除了考虑它的表现力之外，更多的是考虑它的感情因素。当我们把这种感情因素结合色彩性格带来的印象并加以联想时，首先应该考虑色彩性格的选择和统一。色彩的统一，其实是令各种颜色的感觉向一个中心靠拢，或色相，或色度，组合成协调性极强的色彩效果。

以某种情调来确定服装的内涵和品位，服装的色彩要与款式和造型协调，服装颜色与配饰颜色应该协调。配饰包括配件、首饰和辅料，是构成服装整体的部分零件。从某种意义上来说，服装色彩的整体美，除了利用面料本身的色泽和质地，很大的一个方面是靠服装配饰色彩衬托出来的。

二、服装材料设计与流程设计

服装是面料的雕塑品，面料的选定是服装总体设计的重要环节之一。面料的选择有两个原则：符合品牌理念设定的风格形象和适合不同种类服装的需求。同时还要兼顾七大要素：适合性、造型要素、功能性、工艺流程要素、物流配送要素、开发性、经济性。

为了在生产设计中及时获得所需的各种面料以及相关的信息，必须与面料的供应商建立合作关系。服装材料企划流程应该从品牌理念的确认和面料、辅料、饰料信息的搜集入手，并将掌握选料的原则作为材料企划流程的重要步骤。

服装材料的采购者要对材料特性和开发价值、品质管理、价格判断有较深入的了解及有较强的与厂商沟通能力，此外还应能判断商品设计中选择服装材料的合理性，并且能协调采购品质检验、终端销售等工作。

三、服装廓型设计和结构设计

1.服装廓型设计

服装的廓型设计造型决定了服装整体造型与结构特征。服装廓型是服装造型的根本。从较远的距离外观察一件服装，廓型相比其他任何细节最先进入人的视线，服装的色彩会受到光线变化的影响，廓型则是服装给人的第一印象，在转达服装总体设计的美感、风格、品位时起到巨大的作用。

2.服装结构设计

服装结构设计是将设计师的理念转为结构图的过程，同时也是服装品牌风格的具体体现与表达。它是服装生产环节中最重要的工序环节，所以服装结构设计师要对服装品牌理念、整个工艺流程（裁剪、缝制、整烫、包装等）和面料质地等都要有很深的理解。

四、服装工艺设计与局部装饰设计

服装工艺设计与局部装饰设计是设计师的设计思维更完善的表达。工艺设计同时也涵盖了局部装饰设计，主要是服装整体工艺布局设计和领、袖、袋、省、襟五大局部设计及衣片上的省道、褶、分割线、饰物等设计。别看这些细小的工艺设计元素，对于整体服装来说是最具有变化性和表现力的，能兼顾服装的功能性与装饰性两大功能。工艺设计与局部设计的好坏直接体现出服装的内涵。设计师应该充分利用工艺设计与局部设计来寻找更多的突破口，使设计别具匠心。

五、服装廓型与结构的关系

服装整体造型主要是通过廓型和主体结构关系（立体与平面的关系）的把握而实现的。廓型决定着结构线的设计方式和加工工艺的难易程度，而结构线又决定着廓型的状态，因此，结构线的变化设计是成衣服装整体造型的主要内容。成衣设计主要考虑其实用价值和经济价值，其时尚性和流行性大都通过面料和局部变化来体现的，所以在实际中成衣整体的廓型变化较小。一般将整体廓型分为六种：S型、X型、H型、A型、Y型、O型。

S型为人体基本型服装，如旗袍、合体连衣裙等；X型以夸张肩和下摆、收缩腰部为特色，为古典服装造型的特点，故亦称古典型，多用在礼服设计中；H型为箱型或筒型服装造型，多用在外套和套装中；A型为梯型服装造型，多用于披风和裙子中，喇叭裤也属此类；Y型与A型相反，为倒梯型服装造型，多用在创意套装和外套中，锥形裤也属此类；O型表现为收缩边口、膨胀中间的服装造型，常表现出与X型相反的特征，多用于运动服、工作服、防寒服等功能性强的服装设计中，如夹克等。

1.S型紧身结构

S型紧身结构在所有廓型中是最复杂的，要通过具有省功能的曲线分割完成，设计变化的重点是通过省道转移、省缝变分割线和褶的组合而产生的。设计此类服装时，要考虑到结构线应根据人体曲线特征而定。

2.H型半紧身结构

H型半紧身结构整体上以直线为主，设计效果突出中性、稳定的特点，分割的曲线特征较保守。

3.A型和Y型结构

A型和Y型同属宽松结构。A型结构设计是利用面料的活络感和悬垂性，使下摆产生自然流动的效果。Y型则相反，利用面料的硬挺度，结合宽肩窄摆的结构设计，使其产生刚硬的风格。

4.X型和O型结构

X型是在S型的基础上夸张肩部和下摆完成的，X型是S型与A型结合的产物。O型则相当于在H型基础上收边口，主要是收紧袖口和下摆部位，故O型衣长受到限制，一般以短上衣、夹克为主。

但是，服装廓型的区分并没有严格的界限，像H型与A型或Y型，都有相似之处。

六、成衣款式设计的步骤

1.确定服装的整体造型

在把握当前流行时尚和适合目标消费群的特点和基础上，设计服装整体造型，要体现出大体廓型与主体结构的关系。

2.设计服装局部造型

根据服装整体造型要求，设计各局部造型，包括领、袖、袋等。局部设计要注意体现和加强整体造型。

3.设计服装细节

根据服装整体和局部的要求设计出服装细节，包括省、褶、扣、襻等。

第三节　服装工业纸样的制作

服装工业纸样是服装生产中重要的技术文件，对服装生产起着规范和指导的作用。工业纸样就是在服装结构制图的基础上，运用一系列技术手段制作的适合于工业化生产的服装纸样和相关资料。工业纸样在服装工业生产中起着标准化的模板作用，投入工业生产使用的工业纸样，必须经过严格的审核、确认。

服装工业纸样根据用途可以分为裁剪纸样和工艺纸样。服装工艺纸样主要是用于矫正裁剪纸样，规范生产工艺和进行服装质量控制。服装工艺纸样可以分为修正纸样、定位纸样、定型纸样和辅助纸样等。这些服装工艺纸样有各自的用途，每种纸样随着服装工业的发展，有了不同的表现形式和使用方法。本文讨论的重点是服装工艺纸样中定型纸样的发展和变革，是服装生产定规中画线定规的进化，画线定规一般用于服装生产中的缝制工序，在服装生产流水线中主要用于定型部位的制作，在很大程度上影响着生产的顺利进行以及服装产品的质量。

服装定型工艺纸样一般为无缝份的净样板或能够绘制、制作出净样板线的纸样，常用于控制服装某些部件的形状，如领子、驳头、袋盖、挂面、腰等，使这些部位形状准确、一致。

定型工艺纸样的要求：不允许有误差，常用无缩率的硬纸板制作，有些可以用砂纸制做（可以加大与布面的摩擦力，使定型工艺纸样在使用过程中不会移动，确保准确性）。在设备不断更新的现代生产企业中，定型纸样也随着设备的更新发生了重大的变革。

定型工艺纸样主要的作用为控制和保证部位、部件的形状，制作出符合服装设计要求的相关部位、部件，起定型的作用。对于大批量工业生产，定型工艺纸样可以保障整个批次的服装有相同的外型轮廓和部位造型。在使用过程中，通常以沿定型工艺纸样画出轮廓线的形式为主，生产时，沿着画出的轮廓线缝制。使用砂纸制作的定型工艺纸样在生产时，将砂纸定型工艺纸样放置于需要定型的部位，沿砂纸外轮廓线缝制，缝合完毕后，取走砂纸，放于下一件服装继续制作。这两种定型工艺纸样都能够起到一定的控制部位形状的作用，但是也都存在着批量使用时，会因为外轮廓磨损而影响服装部位形状的准确性问题。

一、纸样的制作

1. 纸样的纸质

纸样在排料时，边缘易受磨损或变形。如果纸质太软，则难以用铅笔或划粉沿着纸样的边缘将它勾画出来。

2. 纸样的储存

如果纸样储存不当，可能会受到损坏或遗失。损坏的纸样在排料时不易控制，会影响裁片的质量。如果纸样遗失，造成的损失将更大，除了重新裁剪造成时间、人力、物力的浪费外，漏裁的纸样在补裁裁片时很可能使颜色主面与原来的不同，产生色差疵点。

3. 纸样的准备

服装裁片很多都是左右对称的，如左袖和右袖。为了节省时间和人力，通常只预备对称纸样其中的一块，然后在上面写明需要裁剪的数量。

二、生产纸样设计

生产纸样是在初板纸样基础上绘制的。初板纸样用于缝制样衣，由模特穿上样衣展示给客户以观看效果。两者有以下不同点：

（1）初板纸样是根据模特体型制作的；生产纸样则应根据销售区域的号型标准设计制作。

（2）样衣主要是由一位样衣缝纫工缝制的，而大批生产的服装则是在生产车间流水作业中分工制成的，两者的制作工艺极不相同。在制作生产纸样时，要考虑适合大批量生产时的工艺。

（3）初板纸样的结构设计未必是最合理、最省料的；生产纸样设计要顾及在不改动样衣外形款式的基础上节省面料。

（4）设计人员可更改样衣纸样上不太重要部位的分割线，使生产纸样在排列时能合理节省面料；初板纸样作修改时，需要与设计师、排料工互相沟通。

服装工业纸样设计（又称服装结构设计），首先应考虑衣身结构平衡设计。从人体工程学的角度出发，要考虑结构的合理布局，省、褶的技巧处理。在服装结构设计中，应该根据服装款式设计要求对胸省进行移位设计，这样才能确保胸省塑造出胸部形体的同时产生款式线的变化，形成多样化的美感效果。胸省移位的方法，主要采取剪折法和旋转法。

服装纸样设计是塑造服装品牌风格的重要手段，需要很高的技术水平。在进行设计时要将制好的结构图分割复制成裁片，并进行校核或"人体假缝"，这些工作都是为了头板样衣能够达到设计的预期效果。从这方面来说，服装结构设计师除了要有很强的服装工艺基础外，还要有从平面到立体、从三维到人体的转换思维和空间设计思维。

三、纸样记录登记

服装生产企业应保存一份纸样并记录登记，即记录每一套纸样裁片的状况，并对以下各项资料进行登记。

（1）纸样款式与编号。

（2）纸样裁片的数量。

（3）绘制纸样的日期。

（4）客户名称。

（5）纸样发送至裁剪部的日期。

（6）纸样从裁剪部收回的日期。

（7）负责人签名，证实所载资料正确无误。

（8）关于纸样破损或遗失等状况及是否需要再补制，用备注形式登记。

第四节　裁剪工艺流程

裁剪工艺流程主要是将整匹的服装面料、里料及一些辅料，按所要投产的服装样板排料，裁剪成各种服装衣片以供缝制车间缝制成衣。裁剪工艺流程是决定批量生产服装质量好坏的首要环节，包括裁剪方案的制订、排料、划样、铺料及裁剪。其中裁剪方案的制订是裁剪工艺流程的首道工序，是裁剪工程后续工作的技术依据。

一、裁剪方案的制订

1. 裁剪方案的内容

（1）生产任务需确定的床数（即总共要裁剪平铺的次数）。

（2）每床铺料的层数。

（3）每层面料裁几种规格的服装。

（4）每层面料中，每个规格的服装裁几件。

2. 裁剪方案制订的原则

（1）提高生产效率。应尽可能减少重复劳动，高效合理地使用机械设备。铺料层数太多或床数太多都会增加裁剪工作量，浪费人力，同时也降低了设备利用率。

（2）节约面料，方便排料。不同规格的服装套排一般可节约面料，但如果套排的规格件数太多，就会给排料、铺料工作带来不便。而且，套排件数多，易造成漏片、铺料太长、铺料工劳动强度增大等。

（3）符合生产条件。

①裁床长度：从理论上来说，铺料不超过裁床长度就可以。但铺料太长会降低效率，且增大铺料工的劳动量。故确定铺料长度时，在考虑裁床长度的同时，还要结合铺料工的人数与生产效率进行考虑。

②面料因素：布料颜色数量少，排料长度不宜过长；如果面料长度较短，排料长度也不宜过长。

③裁刀长度：最大裁剪厚度=裁刀长度-4cm，据此确定铺料层数。

④面料性能：耐热性差的，铺料厚度减少（即层数减少）；面料越厚，层数越少。

二、排料划样

排料划样就是依照裁剪方案，将成衣各裁片精密编排，以最小面积或最短长度将所有纸样划在排料纸或布料上，一般都是划在纸上。

1. 排料图的分类

（1）实际生产纸样排料图：是根据实际生产用工业纸样，按1∶1比例照裁剪方案将所需样板合理编排进行划样，一般都直接用于生产。

（2）缩样排料图：是将实际生产用工业纸样按1∶5、1∶10或其他比例缩小，按照裁剪方案进行排料划样，一般作为排料预算或研究用。

2. 排料的准备工作

（1）检查样板。正式排料前须对领取的全套规格系列样板进行认真的核查，包括型号、款式、规格尺寸、零部件配置、大小块数量等，在确认无误后才能开始排料。

（2）检查样板质量。

①样板是否经过技术和质检部门审核、确认，要查看相关确认章戳。

②对旧样板，确认规格大小没有变形、收缩和残缺，并且样板要边线顺直、圆滑、准确。

③弄清样板是毛样还是净样，其缝份是否符合缝制要求。

（3）检查生产任务通知单和用料。

①估算技术部门所下的用料定额是否可行，做到心中有数。

②核对生产任务通知单，查看所裁品种的款式、型号、原料花样、规格搭配等与生产任务通知单是否相吻合。

③了解面料性能，如正反面特征及缩水性、伸缩性等。

3. 排料的原则

（1）衣片的对称性。因为服装大多是左右对称的，故样板一般只制作一边的，这就要求在排料时需特别注意将样板正反面各排一次，防止样板排成同一边的。

（2）防止漏排、错排，尤其是对称的衣片。

（3）注意面料的方向性，将样板按设计要求的经、纬向排料，一般可根据样板上的标注排料。

（4）注意面料纤维方向、条格、图案方向的正确排法，一定要注意左右、上下放正、对齐。

（5）节约用料。排料时一般根据"先大后小，紧密套排，缺口合并，大小搭配"的原则，直边对直边，斜边对斜边，凸边对凹口，以减少衣片间缝隙。

（6）排料总宽的下边比布幅边少1cm，上边比布幅边少1.5~2cm，以防排料图比面料宽，也防止布边太厚导致衣片裁剪不准。

（7）排料后，复查每个裁片的工艺标志是否齐全，如规格、纱向、剪口及钉眼等。

三、铺料

铺料也叫拉布，即根据裁剪方案所规定的铺料层数和拉布长度，将面料一层层铺放在裁床上。

1. 铺料的准备工作

（1）根据生产任务通知单的规定和要求，向仓库领取必需的面料、辅料。

（2）确认领来面料的布幅宽度和匹长。

（3）从排料划样部门（组）领取本批产品所需划样的数量、规格、色号、搭配明细表并进行检查，以便确定铺料方案（即裁剪方案）。

（4）领取排料图，并检查其有无漏排、错排的问题。

2. 铺料的方式

铺料时要根据面料特点，如花型图案、条格状况、倒顺毛等，选择适宜的铺料方式，有以下四种常见的铺料方式：

（1）单向铺料。

（2）双向铺料。

（3）翻身对合铺料。

（4）双幅对折铺料。

3. 铺料层数的确定

铺料的层数与生产效率成正比。铺料层数越多，一次裁剪的裁片数量也就越多，工作效率相应越高，但铺料层数不能因此而无限增加，层数的多少会受到多种条件、因素的制约，随意增加铺料层数将影响到裁剪的精度。这样不但达不到高效质优的效果，甚至还会导致面料浪费而增加成本。

4. 铺料衔接位设计

在铺料过程中，由于每匹布长度参差不齐，每匹布长度铺完时不一定正好在铺料长度的终点。有时为了节约面料，就需要确定好新一匹布的续铺位置。

5. 铺料的工艺技术要求

（1）做到"四齐"。

①起手齐：在铺第一层面料时，要用直角尺取直面料起始横边。

②两边齐（也叫"齐口"）：一般以人面向裁床或靠近人的一边（齐口）为基准铺齐，同时铺齐另一边（外口）。

③接头齐：面料衔接要对齐事先画好的衔接标志。

④落手要齐：同起手齐一样，铺料到所要长度剪断时，要用直角尺剪直、剪齐、放齐。

（2）布面平整。

（3）张力均匀。

（4）方向一致，符合要求。

（5）对正条格和图案。

（6）保证宽幅宽用，窄幅窄用。

（7）铺料的层数要准确。

（8）铺料长度要准确、两头整齐。

四、裁剪

裁剪也叫割布。裁剪工艺是服装生产"三大工艺"（裁剪、缝制、熨烫）的第一道工艺。其质量的好坏直接影响成衣的效果。为此，要在裁剪前做好检验的工作。裁剪前的准备工作主要是核对排料图和检查铺料，一般安排专职人员进行仔细检查。

1. 检查排料图

（1）检查主、附部件及零部件排料数量是否齐全。

（2）检查排料图中线条是否清晰准确。

（3）检查排料图中标志是否与款式样板规定一致。

（4）对有倒顺毛、倒顺图案和条格的面料，检查衣片顺向和零部件顺向是否正确。

（5）检查套排规格和件数是否与生产通知单一致。

2. 检查铺料

（1）检查所铺料的货号、色号及颜色是否与生产通知单一致。

（2）检查铺料的幅宽、长度、层数是否与生产通知单的规定相符。

（3）检查铺料两端是否对齐，齐口和外口是否分清，且齐口是否对齐整。

3. 裁剪工艺要求

（1）"五核对"。

①核对合同编号、款式、规格、号型、批号、数量及工艺单。

②核对面料、辅料等级、花型、倒顺、正反、数量、幅宽等。

③核对样板数量、规格及标志是否齐全。

④核对面料、辅料定额及排料图是否齐全。

⑤核对铺料是否符合工艺要求（如铺料层数、长度及所铺面料的颜色等）。

（2）"八不裁"。

①面料辅料的缩率数据不清不裁。

②面料辅料的等级规格不符合工艺要求不裁。

③面料辅料的纬斜超过规定不裁。

④样板不齐全、规格不准确不裁。

⑤色差、疵点、沾污超过等级要求不裁。

⑥样板组合部位不合理不裁。

⑦定额不足、不准确，幅宽不符不裁。

⑧工艺技术要求不清楚不裁。

（3）"八规定"。

①严格执行正反面规定。

②严格执行衔接长度设计规定。

③严格执行互借范围规定。

④严格执行布料等级规定。

⑤严格执行对条格、倒顺毛向、倒顺图案规定。

⑥严格执行排料、铺料、裁剪、定位等工艺技术规定。

⑦严格执行电裁剪刀、电钻等工具设备安全操作规定。

⑧严格执行安全生产操作规程规定。

五、验片、打号和捆扎

1. 验片

验片是对裁剪质量的检查，目的是将不符合质量要求的裁片抽出来，以防进入下道工序，影响成品质量，验片内容有：

（1）检查主、附、零部件裁片是否与样板一致。

（2）检查上、下层裁片大小、误差是符合技术要求。

（3）检查标志符号是否完整、准确、清晰。

（4）检查衣片对条格、图案和倒顺毛是否符合工艺要求。

（5）检查裁片边缘是否顺直。

（6）检查面料、辅料是否正确。

（7）检查中对有误裁片需修剪处理后再用，若有无法再用的裁片，应立即进行补片。

2. 打号

打号又叫编号，是将检验好的衣片按照要求逐片打号。打号可以人工用打号工具打，也可用专门的打号机进行。

（1）打号目的：打号可避免色差，防止衣片在生产过程中发生混乱，便于复位，保证同一编号的衣片最终缝成一件服装。

（2）打号内容：床号或工号、铺料层数、衣片规格。

（3）打号的原则：

①打号颜色要清晰而不浓艳，以防沾污面料。

②打号位置应统一在衣片反面边缘显眼处。

③打号应准确，防止漏打、重打和错号等。

④打号完毕应进行复检。

3. 捆扎

在成衣批量生产中，衣片的数量不计其数。为了加快生产进度，将衣片运输分配到各生产线，要对衣片进行分组、分批捆扎。

（1）遵循方便生产、提高效率的原则，裁片分组数量应适中。

（2）要符合缝制工艺程序。

（3）每扎面料、辅料及零部件规格要匹配，附件数量要准确。

（4）同扎裁片必须是同尺码。

（5）包扎要整齐、牢固，并吊好标签。

第五节　缝制工艺流程

一、黏合工艺

1. 黏合衬的质量要求

黏合衬的质量直接影响到服装的质量及使用。其质量的好坏表现在内在质量和外观质量两个方面。其中，内在质量包括剥离强度、水洗和熨烫后的尺寸变化、水洗和干洗后的外观变化等。同时，还需要掌握其单位面积涂胶量、白度、色牢度、断裂强度、弹性、游离甲醛含量等。

（1）黏合衬与面料黏合要牢固，须达到一定的剥离强度，并在洗涤后不脱胶，不起泡。

（2）黏合衬的缩水率要小，黏合衬水洗后的尺寸变化应与面料一致，以使服装水洗后外观保持平整。

（3）黏合衬的热缩率要小，经压烫黏合和服装熨烫后，其热缩率应与面料一致，以保证服装的平整和造型。

（4）黏合衬经压烫后应不损伤面料，并保持面料的手感和风格。在面料与衬料的表面无渗胶现象。

（5）粘黏合衬游离甲醛含量要符合质量要求，并有较好的透气性，以保持服装的舒适卫生性。

（6）黏合衬应具有抗老化性，在使用和存放期应无老化、泛黄现象，且黏合强度保持不变。

（7）黏合衬应有良好的可缝性与剪切性，裁剪时不沾污刀片，衬料切边不粘连，缝纫时机针滑动自如，不沾污堵塞针眼。

2. 黏合衬类型的选择

不同服装、服装不同部位对黏合衬的类型有不同要求，具体见下表。

黏合衬不同类型与用途对照表

黏合衬类型	服装部位	作用
定型衬	前身、胸衬、领衬等部位	保型、定型
补强衬	肩、袖隆、下摆、领衬、袋盖、开衩、绣花等部位	保证面料斜拉力，防止面料伸缩，增强面料强力
硬挺衬	领尖、袖口、门襟、腰头等部位	使服装挺括、平整、硬挺
填充衬	肩、袖、臀等部位	使服装造型丰满，修饰体型

3. 黏合工艺质量要求

黏合衬与面料黏合后，各方面参数要达到一定标准，最终才能制成符合产品质量要求的成衣。其黏合工艺质量指标主要有剥离强度、附着面积、外观手感、加工要求、热缩率等几个方面。

二、缝制工艺

缝制即缝纫制造，是将经裁剪及黏合加工得到的衣片，在缝制设备上以一定的缝制方式接成一件完整服装（即成衣）的加工过程，其中还包括一些手工及手工熨烫过程。缝制工艺在成衣生产加工中占用时间最长，且具有加工工序多、使用设备多、人员配置占地面积大等特点。在实际生产中，要求各个工序配合紧密、协调合作，以保证生产流水线的正常运行。

1. 缝制工艺相关术语

（1）针码密度：又叫针迹、线迹及针脚密度。

（2）车缝：用锁式线迹缝纫机进行的缝纫加工。链缝：用链式线迹缝纫机进行的缝纫加工。

（3）包缝：又称为锁边、包边、缉骨等，是对衣料毛边进行包边，以防纱线脱散的缝纫方式。

（4）缭缝：也叫缲缝，用缭边机或手工将服装下摆或下口折边处固定缝合，要求正面不露线迹。

（5）拼接：将两个或两个以上的裁片接为一片完整衣片的加工形式。

（6）勾缝：两个衣片正面相对，在反面缝合后再翻转的加工方法。常用于领子、袋盖、上口和袖头等处。

（7）绱：将服装部件与衣身装配缝合的方式叫绱。

（8）丝缕：指机织物经纬方向的纱线。

（9）吃与赶：由于缝纫设备送布机构或款式造型的需要，缝合在一起和衣片在长度上产生的差距为吃头（份）或赶头（份）。一般衣片缩放的叫吃，另长出来的叫赶。

（10）缝份：也叫缝头。指缝份线到衣片边缘的距离。

（11）里外容：里、面缝合时，面比里宽松的加工方法称为里外容。

（12）打结：也常称为套结、封结、打枣等，指在开口两端或常受力部位打上结缝以加固强度。

（13）劈烫：将缝合的缝份中间劈开或烫倒的熨烫工艺。

（14）缉衬：缉缝前衣片衬料称为缉衬。

（15）止口：指衣片边缘缝合处。

（16）合止口：一般指衣片与挂面在门襟止口处的缝合。

（17）搭门：上衣前身开门处重叠在一起的部分，有门襟（锁扣眼一侧）和里襟（钉纽扣一侧）之分。

（18）撤门：也叫撤胸，指门里襟的止口上端撤去的多余部分。

（19）翘势：根据人体需要，衣片在袖口、底边、后裤腰等处倾斜于基本线的高度距离。

（20）对刀剪口：也叫刀眼，裁剪时在需组合的衣片上所做的对应位置剪口标志，用于缝合时找准位置，以保证成衣各部位结构准确、左右对称。

2. 缝针和缝纫线的选用

（1）常用手针用途：手针多在制作毛料高档成衣或服装的花边，点缀装饰时使用。常用于手打线钉、花绷三角针、缲边、扎驳头、覆衬等工艺。

（2）常用机针及选用：机针又叫车针，是缝纫设备的主要成缝机件，按机型与用途不同有直针和弯针两大类。弯针主要用于特种设备中（如包缝针等）。常用机针有9号、11号、14号这三种。

（3）缝纫线选用原则：

①颜色、质地应与服装面料相一致。

②性能与面料相匹配，以保证强度及缩率等相一致。应耐高温、耐化学腐蚀、经过阻燃或防水整理等，以达到与面料功能一致的目的。

③依据线型和线迹种类选用缝纫线。如裆缝、肩缝应考虑线的牢固度，锁扣眼线应耐磨，缲边线应与面料颜色一样或透明。

④缝纫线选用与针号大小相匹配。

⑤强度适合且均匀，表面光滑且粗细均匀，捻度适中，手感柔软并有弹性。

3. 线迹和缝型的基本概念

（1）针迹：车缝衣料时缝针在衣料上留下的针眼。

（2）线迹：缝制物上两个相连针眼间所形成的缝线形式。

（3）缝迹：线迹形成的连续轨迹。

（4）缝型：一定数量的衣片和线迹在缝制中的配置形成。

4. 成衣缝合部位性能要求及影响因素

成衣缝合质量是成衣外观质量很重要的方面。因此，缝纫加工时，对缝口质量应严格要求。

（1）缝合强度：缝合部位应具有一定强度，能承受一定外力，保证缝合部位的缝口在穿用过程中不出现开线、脱线等现象，尤其是袖窿、裤裆等活动范围较大部位的缝口，一定要缝牢固。

（2）缝口皱缩：缝口皱缩即缝口的变形、抽缩现象。其影响缝口皱缩的因素有：

①压脚压力要适中，送布牙高度要适中，机针不宜过粗，车缝速度不宜太快。

②加工工艺要适合面料性能。

③提高操作技能或采用自动化程度高的设备。

（3）面料损伤：面料损伤包括热损伤和机械损伤等。

①热损伤影响因素：

a.机速：机速越快，面料与机针摩擦产生的热量越大，也就越容易对面料造成损伤。

b.机针光滑度：机针越粗糙，则机针与面料间的摩擦就会越大、从而产生更多热量。

②机械损伤影响因素：

a.面料纱线密度和面料密度：纱线密度越小，面料密度越大，越易损伤。

b.面料硬挺度：面料越硬挺，越容易损伤。

c.缝合层数：缝合层数多，容易损伤。

d.机针：机针较粗、针尖锋利时容易损伤。

e.机速：机速太快容易损伤。

f.缝合次数：在同一个位置缝合次数越多，越容易造成机械损伤。

第六节 后序整理工艺流程

后序整理工艺流程主要包括熨烫、整理、成衣包装等方面的内容，其中熨烫是通过对服装进行热湿定型，使服装更加符合人体特征及服装造型需要，它对服装的外观和内在质量起着决定性作用。成衣整理是保证成衣质量的重要环节，一般指包装前的整理。成衣包装不仅具有保护产品不受损害的实用功能，同时，也具有介绍、美化、识别产品等作用。

一、熨烫工艺

1.熨烫的目的

（1）整理面料：使面料得到预缩，去掉皱痕，保持面料的平整。

（2）塑造服装的立体造型：利用纺织纤维的可塑性，改变其中缩率及织物的经、纬密度和方向，使服装的造型更适合人体的体形和活动需要。

（3）整理服装：使服装外观平挺，缝口褶裥等处平整、无皱褶，且线条顺直。

2.熨烫的工艺方法与要求

服装缝制中熨烫工艺即是运用归、拔、烫、推、压、闷等方法，使服装具有"九势十六字"的外观效果。其中"九势"是指服装的胁势、胖势、窝势、戤势、凹势、翘势、剩势、固势和弯势等，使服装符合人体和造型需要。

3.整烫工艺技术要求

（1）质量技术要求：整烫工艺要做到"三好"、"七防"。

①"三好"：整烫温度掌握好，平挺质量好，外观折叠好。

②"七防"：防烫黄，防烫焦，防变色，防变硬，防水渍，防极光，防渗胶。

（2）熨烫注意事项：

①色织物在熨烫时应先进行小样试熨，以防发生色变。

②尽量减少熨烫次数，以防降低织物耐用性。

③熨烫提花、浮长线织物时，防止勾丝、拉毛、浮纱拉断等。

④注意温度对面料的影响，对吸湿性大、难以熨平的织物，应喷水熨烫；对不能在湿态下熨烫的织物应覆盖湿布熨烫，防止产生极光。

⑤温度要适当，防止极光和毡化。

⑥烫台要平整，避免凹凸不平。

⑦压力不要过大，以防产生极光。

⑧薄织物湿度稍低，熨烫时间稍长，厚织物湿度稍高，熨烫时间稍短。

二、成衣整理工艺

成衣整理的内容有以下几点：

1.色差识别

审查服装不同部位是否存在色差，色差级别是否超过标准等级，并对其做出相应处理，如降级处理。

2.毛梢整理

毛梢整理有以下三种方法：

（1）手工处理：用剪刀将死线头直接剪掉的处理方法，一般适合死线头的处理。

（2）粘去法：用不干胶或胶纸粘去毛梢，一般适合活线头的处理。

（3）收取法：用吸毛器将活线头刷掉，同时通过抽风箱吸去。

3. 折皱整理

服装表面若有折皱，用熨斗进行平整处理，以保证服装挺括、平服、圆顺。

4. 布疵整理

服装面料自身存在的残疵或在生产、搬运、取放中造成不同程度的残疵，要对其进行修复，保证成衣出厂后正常使用，以降低损耗，提高经济效益。

5. 污渍整理

服装在生产过程中由于接触到有油、有色物质等而被污染。去污整理时应根据面料性能及污渍类别，选择合适的去污剂和去污方法。

（1）污渍种类：污渍种类主要有蛋白质类、油污类、水化物类三种。

（2）污渍处理原则：

①合理选用去污材料。根据面料类别和污渍种类选择去污剂，一般毛织物宜选用中性或酸性去污剂，纤维素纤维织物宜选用中性或碱性去污剂，合成纤维织物宜选用去污能力较强的去污剂。

②正确选用去污方法。去污方法分为干洗和水洗两种。一般水溶性污渍多用水洗，油污、蛋白质类多用干洗。

③防止残留污渍团。去污的织物局部洗涤后易形成明显的水渍边缘，所以无论用何种去污材料，在去除污渍后应马上用清水把织物去污部位的面积刷得大些，然后再在周围喷些水，使其逐渐淡化，以清除这个明显的边缘。

三、成衣包装

服装成衣包装在产品运输、储存、销售过程中，具有保护产品、识别产品、介织产品及便于产品销售等功能。

1. 服装包装的分类

（1）按包装的用途分类。按包装的用途分类有销售包装、工业包装、特种包装三类。销售包装是以销售为主要目的包装，起着保护商品的作用。其包装件小，数量大，讲究装潢印刷，包装上大多印有商标、说明、生产单位，因此又具有美化产品、宣传产品、指导消费的作用。其包装材料一般采用纸盒、木板、泡沫塑料等。

（2）按包装的层数分类。按包装的层数分类有内包装和外包装两种。内包装也叫小包装，通常是指若干件服装组成的最小包装整体，内包装主要是为了加强对商品的保护，便于再组装，同时也是为了在调拨、销售商品时便于计量。外包装也叫运输包装或大包装，是指在商品的销售包装或内包装外面再增加一层包装。

2. 服装包装的形式

在服装成衣包装中，经常使用的包装形式有袋、盒、箱等。每种包装形式各有利弊，需要根据产品种类、档次、销售地点等因素，合理选用。

（1）袋：包装袋通常由纸或塑料薄膜等制成，具有保护服装成品、防灰尘、防脏污、占用空间小、便于运输流通等优点，而且品种多，可选择的范围大，价格较低，在服装企业中使用最为广泛。

（2）盒：包装盒大多采用薄纸板制成，也有用塑料制作的，属于硬包装形式。其优点是具有良好的强度，盒内成衣不易压变形，在货架上可保持完好的外观。

（3）箱：包装箱多是瓦楞纸箱或木箱，主要用于外包装。将独立包装后的数件服装成衣以组别的形式放入箱中，便于存放和运输。

（4）挂装：挂装亦称立体包装，服装成品以吊挂的形式运输、销售。经整烫的服装表面平整、美观，如以袋、盒的形式包装后，成衣往往产生皱褶，影响服装外观。挂装能够很好地保持服装的平整，防止皱褶。

（5）真空包装：由于袋、盒包装易使服装产生皱褶，而挂装成本高、占用体积大，在20世纪70年代，开始出现真空的包装的形式。妇婴卫生保健服装和医用服装等产品通常采用真空包装。

3. 包装材料

（1）纸：根据不同的用途，成衣包装所使用的纸也有所不同，如厚度或材质不同的纸。

（2）塑料薄膜：塑料薄膜具有轻薄、透明度良好等优点，广泛用作成衣的包装袋。另外塑料夹、衣架、大头针、别针、吊牌等，亦是服装上经常使用的包装材料。

4. 包装规格

（1）内包装：内包装也称小包装，是指将若干件服装，如5件或10件、半打或1打组成1个小的包装整体。小包装内成品的品种、等级必须一致，颜色、花型、尺寸规格等应符合客户的要求。内包装有独色独码、独色混码、混色独码、混色混码等多种方式。在包装明显部位要注明厂名、品名、货名、规格、色别、数量、等级、生产日期等。

（2）外包装：外包装亦称大包装或运输包装，是指在商品的内包装外，再加一层包装，外包装主要用于保障成衣在流通过程中的安全，便于装卸、运输、存储和保管，一般使用五层瓦楞结构纸箱或使用较坚固的木箱。大包装的箱外通常应印刷产品的唛头标志，如厂名、品名、货名、箱号、尺寸规格、色别、数量、等级、生产日期、产地、重量等。

第六章　成品检验

服装成品的检验应贯穿于裁剪、缝制、锁眼钉扣、整烫等整个加工过程之中，在包装入库前还应对成品进行全面的检验，以保证产品的质量。成品检验是对完工后的产品进行全面的检查。成品检验的内容包括成品规格检验、成品外观质量检验、服装品质检验等。只有经过成品检验合格后，才允许对产品进行包装。成品检验目的是防止不合格产品流到消费者手中，避免对消费者造成损失，也是为了维护服装企业的信誉。

第一节　质量检验的基础知识

一、质量检验的作用

1. 把关

通过对采购进厂的面料、辅料进行检验测试，以及对样板、半成品及成品质量的控制，将不合格产品加以分类和剔除，达到"不合格面料和辅料不投产，不合格半成品不流入下道工序，不合格产品不出厂"的目的，起到把关的作用。

2. 预防和纠正

通过对生产各个环节的质量检验，及时发现问题，及时采取措施并加以纠正，防止或减少不合格产品的产生，使各工序处于稳定的生产状态。

3. 信息的反馈

通过对各环节检验资料的分析整理，掌握质量情况和变化规律，以便为改进设计、提高质量、加强管理提供必要的信息和依据。

4. 提高经济效益

质量检验虽增加了企业的一部分支出，却使企业减少了不必要的经济损失，从而带来更大的经济效益。

二、质量检验的前期工作

为了使质量检验能真正达到预期目的，服装企业的检验部门必须提前做好以下工作：

1. 明确检验内容

在进行质量检验之前，首先要了解企业或车间所追求的质量目标。其次，要将检验项目明确化，并确保所选的质量特性能够测定。

2. 决定如何进行检验

在检验之前，要明确检验的要求和方法，同时，要与收货单位（订货方）保持一致。

3. 确定质量指标

质量指标是企业考虑了行业及本厂的各种因素后，制订在一定时期内所要达到的质量水平，包括产品质量和生产过程中的工作质量水平。

（1）质量评分：根据质量标准对产品逐条进行检查，并评比记分，所得分数即为产品质量评分。

（2）质量等级：按质量评分的高低，将产品划分为优质、一类、二类、三类等级别。

（3）合格品率：是指服装成品中，合格品占全部成品的百分比。其中，合格品是指符合质量标准和技术要求的服装成品。计算合格率时，应等一批产品全部加工完成（包括修整、调片）之后，再进行计算。

（4）等级率：是指某等级的产品在合格品中所占比例。

（5）返修率：是指在送检的产品中，退回重新加工修改的产品在全部送检产品中的比例。

（6）调片率：是指因原料疵点或加工中人为因素造成的坏片数量在所需材料总数中的比例。

（7）漏验率：是指不合格产品漏过前道检验，在后道检验中检查出的比例。

三、质量检验的方法

针对不同的生产对象、生产条件及要求，可考虑采用不同的检验方法或几种检验方法同时并用。

1. 按生产过程顺序划分

（1）预先检验：对所投入的面料、辅料进行检验，以免不合格产品流入车间或班组。这种质检方法的优点是能有效地避免因材料的缺陷而造成服装成品不合格，也减少了因使用有缺陷的材料或不恰当的材料而导致的生产延误。预先检验的缺点是花费较大，占用较多的时间和空间。

（2）中间检验：是指在服装加工过程中对在制品的检验，也称之为半成品检验。中间检验又可细分为逐道工序检验和几道工序合并检验。半成品检验能有效减少不合格服装的数量，因为在生产过程中一旦发现质量问题，可迅速采取措施予以纠正。但半成品的花费较大，同时也增加了生产进程中的工作量，致使生产周期延长。

（3）巡回检验：是指由检验人员随机地检查某工序制作的半成品，检验方式可采取每隔一定时间进行一次，或不定时随机检验。巡回检验的优点是检验员一直关注车间的生产情况，可以保证及时发现并解决问题。不足之处在于，不合格品可能会漏验。此外，由于检验员之间的差异，对产品的衡量标准会有出入。

（4）集中检验：是指将所有产品集中到一个检验点进行检查，整个检查小组对质检的标准有统一的认识。

（5）最终检验：是指成品入库前的检查。通常与产品清洁整理同时进行，也称为成品检验。其目的是确保服装成品上没有划粉印记、线头、污渍，同时产品总体质量符合有关标准规定的要求。此处所谓的最终检验并不是最后的检查，在产品出厂之前，还要进行再次的质量检验或质量鉴定。

最终检验在服装生产中是必不可少的检验方法，它是确保"不合格产品不出厂"的必要措施。如果为了节省检验费用仅设有最终检验，是完全不行的。因为，从产品在制作过程中出现问题到质检阶段发现问题这一时间段内，如果不能及时发现质量缺陷，会导致大量不合格品出现。若在质检阶段发现问题，便很难弥补；即使可以补救，所花费的资金也会相当大。

2. 按检验的数量划分

（1）全数检验：是对检验对象逐一加以检验和把关。这种检验方式的工作量大，费用高，但检验的可靠性高。一般用于以下几种场合：

①生产数量很少，但不合格品会造成较大影响的产品。

②对人体会造成致命伤害的产品。

③检验容易进行，适合费用较低的产品。

④某些关键部件，若不进行全数检验就会造成工序生产不稳定，不能保证成品合格。

（2）抽样检验：是指对某一批产品按规定的方法和比例，抽出一部分进行检验，通过检验结果来判断整批产品的质量。抽样检验的工作量小，费用较低，但可靠性较小。一般适用于以下几种情况：

①破坏性检验：若不破坏产品，就无法测定产品的质量，如许多军用品。

②连续体检验：如卷材、胶片等不能全部开卷检验的产品。

③批量大、质量较稳定的产品。

④客户收货、国家或行业相关职能部门（如技术监督局）对产品质量监督时。

3. 按预防性划分

（1）首件检验：是对生产线上生产出的第一件产品进行检查。通过首件检验可及时发现生产条件是否处于正常状态，如工艺设备是否调整良好、操作人员对加工要求是否完全了解、加工方法是否完全掌握等。

（2）统计检验：是运用数理统计的方法，对产品进行抽查，通过对抽查结果的分析，了解产品质量波动的情况，找出生产过程中的异常现象和原因。

4. 按检验人员划分

（1）专职检验：由具有一定经验的专业人员对产品进行质量检验。

（2）自检：由生产线上的工人对自己所生产的产品进行自我初检。自检可以及时发现问题，及时返修，并能及时在随后的生产中加以改进。

（3）互检：由生产线上各个工人之间相互进行检验，互检便于相互督促、相互交流。

四、质量检验的管理

质量检验是生产过程中不可缺少的环节和组成部分，因此，质量检验的管理工作也是不可忽视的。

1. 检验器具的管理

检验时所用的器具，如卷尺、各种小样板、测定器具或测试仪器等，除了应该正确使用外，还必须经常检修，并妥善保管，确保这些器具的精度处于良好的状态，以便使用时不产生误差。质检部门应规定详细的器具使用方法、检修标准、检修记录及保管、维修、报废条例等。

2. 检验员的管理

（1）端正检验员意识。由于质量检验工作担负着企业最终产品合格与否的重任，检验员不仅要认真负责、熟悉业务，还应具有良好的工作态度。一个合格称职的检验员应具有以下思想意识：

①在生产现场充分地进行质量控制。

②产品质量是在制造加工过程中获得的。

③通过检验进行正确地判断，并及时反馈有效信息，有助于生产活动的顺利开展。

（2）检验员的选择。目前服装生产中的检验工作仍是依靠感官检验，凭着检验员的视觉、触觉等判断产品的优劣。因此，检验员应具备以下条件：

①意志坚强，工作慎重，能忠实执行规章制度。

②注意力集中，一丝不苟，有耐心，能够不随便行动，即不屈从于生产现场或消费者的压力而进行检验。如由于有的消费者因某些问题提出索赔，检验员担心再次出现此类事件，而任意过分严格地检验或擅自提高评定标准，类似做法是不可取的。

（3）检验员的培训。对于检验员来说，除应具备上述特点外，还应不断接受培训，以提高业务水平。培训的内容应包括以下五点：

①检验的方法、手段以及检验标准掌握的程度等方面的培训，以保证检验结果合理一致。不同的检验员，因各自的检验技术水平和技能的不同，在对同一批产品进行检验时，检验的结果也会有差异。较小的差异是允许的；但若差异太大，则必须对检验员进行检验方法及标准掌握程度等内容的培训，使各个检验员的检验结果能基本保持一致，这才有利于质量检验水平的进一步提高。

②产品知识的学习，即让检验员通过培训了解所检验产品的特点、性能及关键部位等有关服装产品的知识。

③产品制造加工的知识，了解产品制造过程中有难度的工序或易出差错的工序，掌握产品的加工过程。

④质量信息的分析与反馈方法。学会能根据统计数据，分析出现质量问题较多的工序或部位，以便帮助找出原因，提高加工质量。

⑤人际关系的技巧。如何与操作工人相处融洽，的确是一门艺术。作为检验员，应对所有工人生产的产品一视同仁，以标准为准绳，不能随意放宽要求；另一方面也不能过分严厉苛求，导致与工人的关系紧张。这两种情况均不利于产品加工质量的提高。

第二节 服装成品检验规则与要求

一、成品检验中的抽样

1.抽样的概念

抽样是按照某种目的，从母体（总体）中抽取部分样品。其目的是为了从部分样品推测批量总体的质量特征，并由此对批量总体进行合理的处置。通过抽样检验的结果作出判断，即该批产品是否合格，属于何类质量等级。

抽样时，根据不同特征值（如规格、外观、缝制质量）的具体要求，取样方法也不同，但必须满足下列条件：

（1）根据检验目的抽样。

（2）具体实施与管理方便、易于操作。

（3）考虑经济效益。

（4）抽样时，不能加入人为因素。

（5）抽样者具有判断抽样方法是否恰当的能力。

2.抽样方法

（1）随机抽样：是在一批产品中任意选抽。可采用在随机表上由铅笔随意触及的数字作为抽样代码，或用掷骰子取其上面的数字决定抽样代码。

（2）系统抽样：是指选抽按一定时间或数量间隔生产出的产品。如缝制车间检验员巡视抽检时，可确定选抽每隔十分钟或每隔十件生产出的那件产品。而成品检验时可对某批产品编号，然后按一定规则间隔抽取某件产品。

二、成品检验项目

运用相应的检验手段，包括感官检验、化学检验、仪器分析、物理测试等，对服装的品质、规格、数量、包装标志、安全卫生环保等项目进行检验。服装成品检验的范围较广，归纳起来，主要包括外观质量检验与内在质量检验两大方面。

1.外观质量检验

（1）成衣外观质量检验：主要是对服装的款式、花样（花色）、面料和辅料的缺陷、整烫外观、缝制、折叠包装及有无脏污、线头等方面的检验。

（2）规格检验：指对所抽取的样品，按产品标准要求进行规格尺寸的测量。

（3）数量检验：核对总箱数、总件数是否与规定要求相符。

2. 内在质量检验

内在质量检验主要是根据相关的服装产品标准，如国家标准（GB）、行业标准（FZ）等（如果是外贸出口服装，则根据合同、信用证的要求），对规定的项目进行物理、化学及感官测试，如线密度、染色牢度、安全卫生、缝合强度等方面进行检验。

3. 包装检验

（1）外包装检验：

①外包装应保持内外清洁、牢固、干燥，适应运输要求。

②箱底箱盖封口严密、牢固，封箱纸贴正。

③内、外包装大小适宜。

④外包装完好无损，不能有塌陷、破洞、撕裂等破损现象。加固带要正，松紧适宜，不准脱落。

⑤唛头标志、箱（袋）外唛头标志要清晰、端正，品名、规格、质量及纸箱大小应与货物相符。

（2）内包装检验：

①实物装入盒内松紧适宜，有衣架的要摆放端正，用固定架固定平整。

②纸包折叠端正，捆扎适宜。

③盒（包）内外清洁、干燥。

④盒（包）外标志字迹清晰。

⑤胶袋大小需与实物相适应，实物装入胶袋要平整，封口松紧适宜，不得有开胶、破损现象。

⑥胶袋透明度要强，印有字迹图案的要求清晰，不得脱落，并与所装服装上下方向一致。

（3）装箱检验：包装的数量、颜色、规格、搭配应符合要求。

许多企业在系统地改进质量保证体系中得出的共同经验是：应将更多的精力和财力投放在质量目标和质量规划上，即有计划地提高预防成本以求收到最大的效益。

三、成品检验的程序和动作过程

1. 检验要求

成品检验时，应注意以下几点要求：

（1）对照有关生产技术文件及质量标准，确认裁剪、缝制、整烫外观与操作规定指标。

（2）检验的重点放在成品的正面外观上，按规定的动作过程和检验程序进行。

（3）在抽查服装规格时，除了测量几个主要控制部位外，还包括口袋大小、领子宽窄等重点细部的尺寸。

2. 检验程序和动作过程

成品检验时，需按一定的动作过程，对具体的部位按规定程序进行，通常是以"从上到下、从左（右）至右（左）、由外及里"为原则，以保证迅速、准确、无遗漏地检验成品加工质量。

四、成品缺陷与等级判定

1. 成品缺陷判定

按照产品是否符合标准和对产品的使用性能、外观的影响程度，标准中将缺陷分成三类。

（1）严重缺陷：严重降低产品的使用性能，严重影响产品外观的缺陷称为严重缺陷。

（2）重缺陷：不严重降低产品的使用性能，不严重影响产品外观，但较严重不符合标准规定的缺陷称为重缺陷。

（3）轻缺陷：不符合标准的规定，但对产品的使用性能和外观影响较小的缺陷称为轻缺陷。

2. 成品等级判定

成品等级判定以缺陷是否存在及其轻重程度为依据，抽样样本中的单位成品以缺陷的数量及其轻重程度划分等级，品级则以抽样样本中各单件产品的品级数量划分。

（1）单件（样本）判定：依各类服装产品的不同，各等级限定允许存在缺陷的具体数量有所差异。

（2）批量判定：虽然各类服装产品单件样本判定规则有不同，但批量产品的等级判定规则是相同的。

（3）抽验中各批量判定数：若符合标准规定，为判定合格的等级批出厂。抽验中各批量判定数不符合标准规定时，应进行第二次抽验；抽验数量增加一倍，如仍不符合标准规定，应全部整修或降低等级。

第三节　成品规格检验

服装成品规格检验是用皮尺测量成品服装主要部位的规格尺寸，并与订单中的规格对照，检验误差是否在允许范围内，并确定其缺陷类别和成品等级。

一、测量部位及方法

1. 测量部位及方法

服装成品规格测量部位及方法见表6-1。

表 6-1　服装成品规格测量部位及方法对照表

序号	部位名称	测量方法
1	领围	领子平摊横量，立领量上口，其他领量下口
2	衣长	由前左侧肩缝最高点经过胸高点垂直量至底边
3	胸围	扣好纽扣，前后身摊平，沿袖窿底缝横量（以周长计算）
4	袖长	由袖山最高点量至袖口边中间（衬衫量至袖克夫的外侧）
5	连肩袖长	由后领窝中点量至袖口边的中间
6	肩宽	由肩袖缝交叉处横量（两个肩端点的直线距离）
7	袖口	袖口放平横量（以周长计算）
8	裤长（裙长）	从腰口垂直量至裤脚口（裙子是从腰口量至裙底边）
9	腰围	扣好裙（裤）的纽扣，沿腰宽中间横量一周的围度
10	臀围	指衣物穿在人体臀围部分围度（以周长计算）

2. 常见成衣测量方法

（1）男式衬衫：男式衬衫的测量方法如图6-1、图6-2所示。测量方法和要领见表6-2。

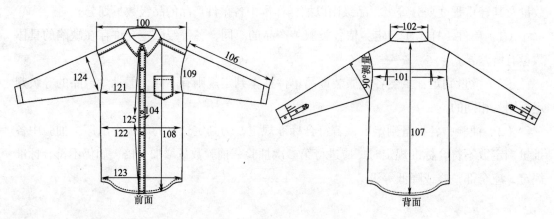

图 6-1　男式衬衫的测量方法 1

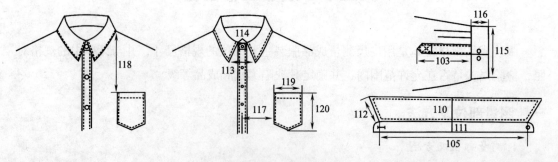

图 6-2　男式衬衫的测量方法 2

表 6-2　男式衬衫测量方法和要领对照表

序号	代号	测量部位	测量方法和要领
1	100	肩宽	铺平服装，从左肩点至右肩点的宽度（以后背为准）
2	101	后背宽	铺平服装背部，测量左右两袖隆间的最近水平宽度
3	102	领横宽	铺平服装，测量左右领外口与肩线相交两点间的距离
4	103	袖侧衩长	将袖铺平，从袖口或袖头量至袖衩顶
5	104	门襟宽	铺平服装(门襟)，从门襟一边量至另一边
6	105	领围	打开领扣，铺平服装的领，从底领纽扣中间至底领扣眼外边缘的距离
7	106	袖长	铺平服装的衣袖，从肩点经肘围量至袖口边
8	107	后中长	铺平服装，从后领窝中点量至底边线
9	108	前衣长	铺平服装，从底领下口与肩线的交点量至底边线
10	109	袖隆	铺平服装，从袖隆的顶端沿袖隆线量至腋下点，背心袖隆沿袖隆边线测量
11	110	翻领高	铺平衣领，从翻领与底领的缝合位中点直量至领边
12	111	底领高	铺平衣领，从底领与衣身的缝合线的中点直量至与翻领的缝合处
13	112	领尖长	从领尖点量至翻领与底领的缝合处
14	113	领尖距	铺平服装，扣好衬衫纽扣，由一领尖点量至另一领尖点的距离
15	114	领嘴	铺平服装前部，扣好领扣，量两底领边缘之间的距离
16	115	袖克夫长	铺平袖克夫，沿边测量
17	116	袖克夫宽	铺平袖克夫，从袖头与袖口缝合处量至袖头外边
18	117	前中袋位	铺平服装，从服装前中线水平量至最近的袋边
19	118	袋位	铺平服装，从肩部最高点(侧颈点)直量至袋口
20	119	袋口宽	从袋口一边量至袋口另一边最宽的距离
21	120	袋深	从袋口直量至袋底最低点
22	121	胸围	铺平服装，在腋底处，从左边量至右边 (如有褶位则包括褶位)
23	122	腰围	铺平服装，在腰部最细处从左边量至右边
24	123	摆围	铺平服装，扣好纽扣，从衬衫底边的一边量至另一边
25	124	袖肥	铺平一只袖，从腋窝底量至袖的一边，软尺与该边要呈90°测量

（2）女式西装：女式西装的测量方法如图6-3所示。测量方法和要领见表6-3。

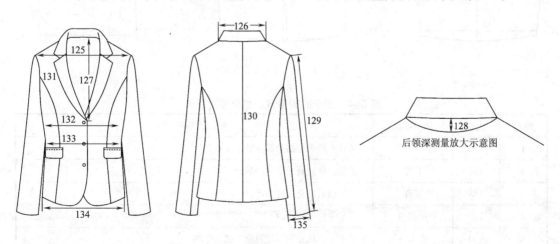

图 6-3　女式西装的测量方法

表6-3　女式西装测量方法和要领对照表

序号	代号	测量部位	测量方法和要领
1	125	肩宽	铺平服装，从左肩点至右肩点的平行测量
2	126	领横宽	铺平服装，测量左右领外口与肩线相交的两点间的距离
3	127	前领深	铺平服装前部，从驳领的翻折下止点垂直向上量至肩颈点的水平线处
4	128	后领深	铺平服装后部，从后领中肩颈点的水平线垂直量至领窝最低点
5	129	袖长	铺平服装，从袖山顶点量至袖口边线
6	130	后中长	铺平服装，从后领窝中点量至底边线
7	131	袖隆	铺平服装，从袖隆的顶端，沿袖隆线量至腋下点
8	132	胸围	铺平服装，在腋下2.5cm处，从一边量至另一边（包括褶位）
9	133	腰围	铺平服装，在腰部最细处，从一边量至另一边
10	134	摆围	铺平服装，扣好纽扣，从衣摆的一边量至另一边
11	135	袖口宽	铺平服装，从袖口的一边量至另一边

（3）裙子：裙子的测量方法如图6-4所示。测量方法和要领见表6-4。

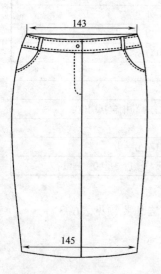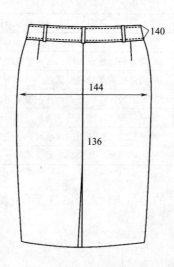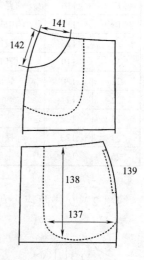

图6-4　裙子的测量方法

表6-4　裙子的测量方法和要领对照表

序号	代号	测量部位	测量方法和要领
1	136	后中长	从后中腰头与裙身缝合处至底边
2	137	袋宽	从袋边横向直量至另一袋边
3	138	袋深	从袋顶直量至袋底最低点
4	139	前袋口	直量袋口的长度
5	140	腰头高	铺平裙，从腰头顶端直量至腰头底端
6	141	袋口宽	铺平裙，从侧缝线直量至口袋开口处的长度

续表

序号	代号	测量部位	测量方法和要领
7	142	袋口深	铺平裙，沿侧缝直量至口袋开口处的长度
8	143	腰围	尺子弯成与腰头一样的曲度，从腰头的一端量至另一端
9	144	臀围	铺平裙，在距腰头约18cm处，从裙身的一边直量至另一边
10	145	摆围	将裙铺平，从裙脚的一边量至另一边，要沿边测量

（4）裤子：裤子的测量方法如图6-5所示。测量方法和要领见表6-5。

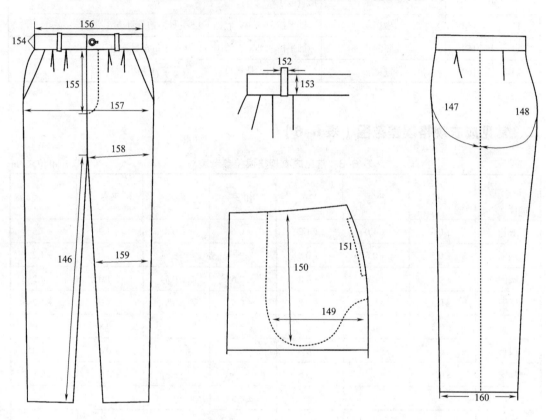

图 6-5　裤子的测量方法

表 6-5　裤子测量方法和要领对照表

序号	代号	测量部位	测量方法和要领
1	146	下裆长（内长）	平铺一只裤筒，从裆底量到裤脚边
2	147	前裆，又称前浪（包括腰头）	铺平裤前片，抚平腰头至裆底线位置，从裆底沿着缝线量至前腰头顶端
3	148	后裆，又称后浪（包括腰头）	铺平裤后片，抚平腰头至裆底，从裆底沿着缝线量至后腰头顶端
4	149	袋宽	从一袋边量至另一边的距离
5	150	袋深	从袋顶直量至袋最底边的距离
6	151	袋口宽	测量袋口的长度

续表

序号	代号	测量部位	测量方法和要领
7	152	串带宽（耳仔宽）	从串带祥一边横向量至另一边
8	153	串带长（耳仔长）	从串带祥上边线量至下边线
9	154	腰头高	铺平裤腰，从腰头上端直量至腰头下端
10	155	前门襟长	铺平门襟，从门襟的上端量至门襟开口位（只计算开口位置）
11	156	腰围	铺平腰头，沿腰头上边从一边量至另一边
12	157	臀围	铺平裤身，在裆底上端一指定处，从一边量至另一边（用"V"形量度）
13	158	横裆	铺平裤前部，在底裆下2.5cm处一边直量至另一边
14	159	膝围	铺平裤前部，在膝围线处从一边量至另一边
15	160	裤口宽	铺平裤口，从裤口边线一边量至另一边

二、常见成衣规格误差范围（表6-6）

表6-6　常见成衣规格误差参考表　　　　　单位：cm

类别 部位	衬衣	西装	大衣	裙装	裤装	夹克	棉衣
衣长	±0.8	±1.0	±1.2	±0.6	±0.8	±1.2	±1.5
胸围	±0.5	±0.6	±0.8	—	—	±1.0	±1.2
腰围	±0.5	±0.6	±0.8	±0.5	±0.5	±1.0	±1.2
臀围	±0.5	±0.6	±0.8	±0.5	±0.5	±1.0	±1.2
肩宽	±0.5	±0.6	±0.8	—	—	±0.8	±1.0
袖长	±0.5	±0.6	±0.8	—	—	±0.8	±1.0
领围	±0.5	±0.5	±0.6	—	—	±0.6	±0.8
裙长	—	—	—	±0.5	—	—	—
裤长	—	—	—	—	±0.6	—	—
袖肥	±0.5	±0.6	±0.7	—	—	±0.8	±1.0
摆围	±0.5	±0.6	±0.8	±0.5	±0.5	±1.0	±1.2

第四节　成衣外观质量检验

成衣外观质量检验是服装检验工作中最重要的部分。各类服装外观质量检验程序应按照先上后下、先左后右、从前到后、从面到里的原则进行，并且要做到不漏验，不重复。

一、成衣外观检验的主要内容

1. 色差检验

检查一款或一套服装是否存在色差、衣片上是否有疵点。疵点包括粗纱、折痕、色斑、油斑、断纱等。

2. 规格尺寸检验

检查服装各个部位的规格尺寸是否吻合工艺单的尺寸要求。

3. 外观造型检验

检查服装的款式造型、外观缺陷、缝制工艺质量、熨烫质量、线头、污渍等。

4. 包装质量检验

检查服装包装的物料、挂牌、商标及装箱搭配。

5. 疵点检验

检查衣片上是否存在疵点。疵点包括粗纱、折痕、色斑、油斑、断纱等。疵点检验顺序应自上而下、从左至右、从前到后、由外向里检验，先平面检验，再立体检验。

二、检验工具

（1）人体模型：又称为人台，南方俗称"公仔"。
（2）卷尺或皮尺。
（3）标准色卡或工艺单面料小样。

三、成衣缝制质量检验

1. 成衣外形检验

（1）上装外形检验见表6-7。

表6-7 上装外形检验对照表

部位名称	序号	外观标准和外形要求
衣身前片	1	门襟平挺自然，左右两边外形一致；无豁开现象
	2	止口挺括顺直，宽窄相等、形状一致
	3	驳口平服自然，左右对称一致
	4	胸部挺括饱满，无皱无泡，没有起空现象；省缝顺直，省尖无泡形
	5	口袋平服，袋盖与袋口大小适宜，左右口袋的高度、大小、进出、斜势要一致
	6	扣子之间的距离要均匀，扣好纽扣不能有起空的现象
领子	7	领子平服自然，不爬领、荡领
	8	领面松紧适宜，左右丝缕要一致；领里的缝线不得外露

续表

部位名称	序号	外观标准和外形要求
袖子	9	袖子自然顺畅、前后一致，袖山部分饱满圆顺；左右袖口大小、袖衩高低一致
	10	袖窿圆顺，吃势均匀，前后无吊紧、曲皱现象
	11	袖口平服、左右大小一致，扣位正确
	12	连身袖中缝须平顺，西装袖大袖中缝须平顺自然
肩部	13	肩部平服、无皱，肩缝顺直，吃势均匀，连袖左右大小一致
	14	肩部宽窄一致、左右对称，垫肩两边进出一致、里外适宜
后背	15	背部平服，背缝挺直，左右格条或丝缕须对齐
	16	后背两边吃势要顺
	17	后衩平服、无搅豁，里外长短一致
摆缝	18	摆缝顺直平服，松紧适宜，腋下不能有波浪现象
	19	下摆平服，贴边宽窄一致；缲针线不外露
里料	20	各部位保持平服，里料大小、长短与面料相适宜，松量适宜
	21	里料与面料颜色谐调
	22	里袋高低、进出两边对称一致，封口牢固
	23	里料下摆"风琴位"松量适宜，不能有外露现象
	24	里料下脚、袖窿处必须用手工固定，且不能影响服装外观造型

（2）下装外形检验见表6-8。

表 6-8　下装外形检验对照表

部位名称	序号	外观标准和外形要求
腰头	1	裤（裙）腰头顺直平服，左右宽窄一致，止口不反吐
	2	串带襻部位准确、牢固、松紧适宜
门里襟	3	门襟小档平服，套结牢固
	4	门里襟长短一致，里襟不能长于门襟
	5	扣子与扣眼位置准确，拉链松紧适宜，拉链布不外露
前后片	6	左右裤脚长短、大小一致，前后烫迹线丝缕顺直，裤筒不扭曲
	7	中缝顺直，松紧适宜
	8	后袋部位准确，左右一致，嵌线宽窄一致，封口清晰，套结牢固
	9	裙下摆顺直、平服
	10	下档缝顺直，后缝松紧适宜，十字缝对准
	11	腰里整齐、松紧适宜，扣位准确牢固
	12	里料、缝线色泽与面料相适宜，里料与面料长短、松紧合适

2. 对格对条检验

对格对条检验见表6-9。

表6-9 对格对条检验对照表

类别	序号	部位名称	对格对条互差
上装	1	前身左右片	条料对条、格料对横，互差不大于0.3cm
	2	口袋与前身	条料对条、格料对横，互差不大于0.3cm
	3	贴袋与前身	条料对条、格料对横，互差不大于0.3cm
	4	袖与前身	袖肘以上与前身格料对横，两袖互差不大于0.5cm
	5	袖缝	袖肘线以下，前后袖缝格料对横，互差不大于0.5cm
	6	背缝	条料对条、格料对横，互差不大于0.2cm
	7	背缝与后领	条料对条、格料对横，互差不大于0.2cm
	8	领子与驳头	领尖、驳头左右对称，互差不大于0.2cm
	9	摆缝	袖窿以下10cm处，格料对横，互差不大于0.3cm
	10	袖子	条格顺直，以袖山为准，两袖互差不大于0.4cm
下装	11	前后裆缝	条料对条、格料对横，互差不大于0.3cm
	12	袋盖与后身	条料对条、格料对横，互差不大于0.2cm
	13	侧缝	侧袋以下10cm处，格料对横，互差不大于0.2cm

3. 对称部位检验（表6-10）

表6-10 对称部位检验对照表

类别	序号	对称部位	极限互差
上装	1	领尖和领嘴大小	0.2cm
	2	左右袖片大小、长短	0.4cm
	3	口袋大小、进出、高低	0.2cm
下装	4	裤口长短	0.5cm
	5	裤口大小	0.3cm
	6	口袋大小、进出、高低	0.2cm

四、检验应用举例

以西装为例，具体介绍其质量检验要求。西装包括西装上衣、马甲、西裤及女裙。西装区别于其他服装之处在于西装均强调立体造型。西装因其生产工艺复杂，包含较多手工工艺和湿热塑型工艺，所以检验的部位较多，检验要求也比其他类型服装要高。

品质优异的西装一般以毛织物为原料，有优美的立体造型，能很好地体现健美的人体，甚至修正人体的某些缺陷。男装在外观上强调严谨、平挺，女装则较注重柔和、平服。西装的总体质量要求如下：

（1）造型优美、平服、挺括、饱满。除个别部位外，应以前中心线为基准，左右对称。

（2）面料无明显疵点，领面、驳头不得存在任何疵点。

（3）整套服装不得存在影响外观的污渍、水迹、粉印、烫黄、极光及线头等疵点。

（4）使用黏合衬工艺的部位，不得存在脱胶现象。

（5）各部位线迹顺直、松紧适宜，针迹密度符合工艺技术标准或客户要求。

（6）锁眼、钉扣位置准确，大小适宜，锁眼整齐、光洁，钉扣牢固，用线应符合要求。

（7）滚条平服、宽窄一致。

（8）各部位套结定位准确、平整牢固。

（9）商标、洗涤标、尺码标等位置准确、美观牢固。

（10）倒顺毛面料及图案、花型有方向性的面料，应顺向一致。

（11）同套服装要求顺色。

五、成衣外观缺陷类别判定

成衣的各种外观疵点（即缺陷）依据其对产品的使用性能、外观的影响程度不同，分为轻缺陷、重缺陷、严重缺陷三类。不同服装外观质量规定不同，其缺陷内容也不同。

六、成衣使用性能检验

成衣使用性能检验包括：干洗、水洗收缩率，干洗、水洗起皱级别差异，主要缝接部位强力，黏合衬部位剥离强度，面料防水性能，面料耐洗色牢度，填衬料的压缩弹性和回复率检验等。

1. 成衣耐干洗检验
成衣耐干洗性能用耐干洗收缩率、黏合衬剥离强度下降率和起皱等指标来表示。

2. 成衣耐水洗检验
成衣耐水洗检验内容与成衣耐干洗检验一样，其测试后的计算方法也与耐干洗一样。

第五节　服装的品质检验

服装品质检验是指检查人员用器具较近地察看，作出对品质的鉴定。服装品质检验是先对半成品和成衣做检查，并将检查结果记录作为资料，然后将此资料与所定的标准作比较，并采取适当的方法进行修改。

一、检验的程序

检验对于整个生产的流程和工序无任何影响。有效的检验包括以下六个程序：

（1）选择需检查的项目，可以是半成品（如领、袋、前片等），也可以是成品，范围可大可小。

（2）制订所要求的标准、规格、样板及图表等。

（3）对项目检查并测试足够数量，方法是肉眼观察及测量。

（4）将检查的结果与所定的标准进行比较。

（5）决定此产品是接受还是修改。

（6）根据决定坚决执行，如退修、调片等。

二、检验的要求

在成衣生产中，任何检查系统都必须具有下列的基本要求：

1. 检验的责任

每个检查系统肯定要有一组责任心强的人员去完成检查工作。在较大的成衣企业中，检查队伍是由不同等级的人员组成，如经理、主管、质检员、跟单员等。

2. 检验的记录

检查的结果必须记录在案，作为该产品的品质资料。需要记录的项目有：数量、制订的标准和退修后的纠正等。检查记录通常是改进产品品质的一项资料，检查结果通常记录在卡片或控制表上，目前多采用计算机记录。

3. 品质的鉴定

此项鉴定是根据客户和厂家所制订的标准进行的。如果检查结果与客户的要求相同，则不需作任何特别的改动；如果结果与标准有差异，则必须改进其品质。

4. 成衣品质标准的执行

如果产品在面料或工艺上有任何错误或者与规格不相符，则检查员一定要将产品退货，而退货产品的范围是根据客户或工厂的标准执行的。例如，为了防止面料的错误，所有的面料都必须通过查看，而且要将已检查的和未检查的面料分开存放。

三、检验的方法

1. 成品检验

成品检验也称最后检查或总查，是传统的检查方法，多采用百分之百的检查。通过这一检查，产品便会入库或出厂。但这样的检验有时不一定是出货前最后一次检查，很可能在以下情况出现时，再次接受检查：

（1）存货期间有可能出现损坏的情况。

（2）国家商检部门派人专检，进行品质鉴定。

（3）客户根据合约要求，出货前指定专人检查。

2. 抽样检查

抽样检查是从每批产品中抽出预定样本产品的数量，检查其品质的性能。如果不合格品少于最低规定，整批产品就为合格；反之，整批产品需按规定的有关程序执行，如扩大抽样再检，厂家打折扣，客户收货时可以拒收。国际上常见的抽样检查方法采用AQL（Acceptable Quality Level）水平值，是指在抽样检查过程中，认为可以接受的连续校验的平均不合格率的上限值。服装生产企业在成衣检验中，一般执行的是AQL的2.0%、2.5%、4.0%标准值。

3. 品质保证

品质保证是生产者对用户提供的充分保证，是全面品质管理为用户服务的思想体现和发展。品质保证分为两方面：一方面是在设计、制造过程中采取有效措施，保证为用户提供符合品质标准的产品；另一方面是在产品销售后的使用过程中，提供优质的服务。若有质量问题，及时采取退换、赔偿等补偿办法。

（1）实现品质保证的优点：确保客户满意；减少面料损耗以及时间的消耗；减少全面管理的费用；减少次品率；提高品质水平。

（2）实现品质保证的缺点：使用该方法时耗资较大；需要全面提高公司人员的质量管理意识；行政人员需要接受特别的训练，以发展品质管理系统。

第七章　备赛指导

　　为了充分展示职业教育改革发展的丰硕成果，集中展现职业院校师生的风采，努力营造全社会关心、支持职业教育发展的良好氛围，促进职业院校与行业企业的产教结合，更好地为我国经济建设和社会发展服务，国家教育部联合天津市人民政府、人力资源和社会保障部等国家部委每年7月在天津市举办全国职业院校技能大赛。通过全国职业院校技能大赛中职组服装设计制作竞赛的举办，职业院校从办学、示范校建设和课程改革等多方面得到启迪。技能大赛应具有更加完善的价值取向，更加合理地设置比赛形式和内容，使大赛能公正科学地考评选手的职业能力，以此推动校企合作、工学结合，引领中职服装学校进一步深化教育教学改革。过去的职业教育总是跟着行业走，近几年，通过全国职业院校技能大赛的推动，职业教育起到了引领行业的先锋作用。举办职业院校技能大赛，是职业教育工作的一项重大制度设计与创新，也是培养、选拔技能型人才并使之脱颖而出的重要途径。因此，技能大赛的价值取向在很大程度上引导着职业教育改革和发展的方向。

　　"以赛促教，以赛促学，突出学生创新能力和实践动手能力培养，提升学生职业能力和就业质量"是全国职业院校积极参加竞赛的初衷。在备赛过程中学校如何组织，如何选拔备赛选手，如何对备赛选手进行模块化训练，如何培养备赛选手心理素质，参赛时如何管理好学生的日常生活，成为每位指导教师必须考虑的问题，本章提出了一些建议性训练方法以供参考。

第一节　项目模块化教学

　　每届全国总决赛结束之时，全国各中职服装学校就要开始着手下一届大赛的备赛准备了。做好备赛准备工作已经成为各中职服装学校的重要工作。

一、针对大赛竞赛项目调整专业课程教学方式

　　针对大赛比赛项目，将以往的单科式教学方法转向项目化模块课程教学模式。通过项目模块化教学，提升整个班级学生的创新能力和实践动手能力。

　　1.项目模块化教学结构

　　（1）知识结构：

　　①掌握服装设计基本知识、服装设计工作流程、服装结构造型设计原理与方法。

②掌握服装材料、服装工艺缝制知识。

③掌握服装工业制板的工作原理、放码规则。

④掌握WINDOWS操作系统的使用方法以及计算机基础知识。

⑤掌握服装设计知识，能借助Coreldraw、Photoshop、Illustrator等常用软件进行服装设计。

⑥掌握服装制板知识，能借助服装CAD软件熟练进行服装结构设计、放码、排料。

⑦掌握服装生产、技术管理的知识。

⑧掌握服装机械使用和维护保养知识。

⑨掌握服装营销、市场预测等方面的知识。

⑩掌握服装常用英语词汇达到4000个左右，掌握基本语法，能进行一般的阅读与表达。

（2）能力结构：

①具有人体测量、成衣放松量设计、不同风格时装成衣规格尺寸制订能力。

②具有鉴别服装材料的能力。同时，能根据面料的颜色和质地性能进行服装款式设计。

③能独立处理不同款式的服装结构变化，具有手工制板和服装CAD制板、出样能力。

④具有编写工艺制单、工艺指导、组织生产、生产管理的能力。

⑤具有参与服装流行预测和服装销售的能力。

⑥具有根据服装流行趋势设计构思成衣的能力。

⑦具有各种设计软件进行服装款式设计绘图的能力。

⑧具有手绘效果图和款式图的能力。

⑨具有较强的自学能力、适应能力、组织管理能力和社交能力。

⑩具有分析和解决问题的能力、获取信息的能力和创新能力。

（3）素质结构：

①热爱祖国，遵纪守法，团结协作，爱岗敬业。

②树立服务质量第一的思想，具有良好的职业道德。

③热爱所学专业，有良好的职业兴趣素质。

④有良好的职业意识素质和职业情感素质。

⑤勤于实践，有良好的创新意识和奉献意识。

⑥具有良好的心理防御系统，能够抵御外界的不良干扰和一定的心理承受能力。

⑦具有健康的体魄、美好的心灵和健康的审美观。

⑧具有自我减压的能力，能够调整好自己的心理和学习状态。

⑨具有不怕吃苦的精神，乐于专业技术学习。

2.通过以下职业岗位进行项目模块化教学

（1）服装设计岗位（如服装设计师、设计助理等）。

（2）服装制板岗位（如服装打板师、打板助理等）。

（3）服装推板岗位（如推板师、服装CAD放码师等）。

（4）服装排料岗位（如排料师、面料预算员等）。

（5）服装缝制岗位（如流水缝纫工、整件样衣工等）。

（6）服装成衣开发岗位（如整件样衣工、服装工艺员等）。

（7）服装品质控制与管理岗位（如服装QC、服装跟单员等）。

（8）服装色彩搭配与服饰陈列岗位（如服装色彩搭配师、服饰陈列师等）。

（9）服装生产管理岗位（如服装生产管理人员等）。

（10）服装营销岗位（如服装营销人员、服装营业员等）。

二、项目模块化教学方式

1. 项目模块化教学对学生的知识、能力、素质结构开发（表7-1）

表7-1　项目模块化教学对学生的知识、能力、素质结构开发对照表

名称	模块单元		单元模块应具有的知识、能力、素质结构				
基本素质模块	公共模块	政治、思想、职业道德	树立正确的人生观、价值观、良好的职业道德	具有良好的语言表达能力及中文应用写作能力	掌握英文基本语法，能进行一般的阅读与表达	掌握计算机使用方法和相关知识	具有良好的身体素质，体能达到国家规定的相应标准
		语文、英语、体育					
		现代信息技术基础					
		心理健康教育					
	专业模块	中外服装史	掌握中外服装历史，具有健康的审美观	掌握服装基础理论知识	具有阅读专业英文资料的能力	掌握服装营销管理方面的知识	掌握市场预测方面的知识
		服装市场营销					
		服装专业英语					
专业基础模块	造型模块	服装素描	具有对人物动态及服装的概括、提炼、画面组织、形体塑造能力	了解服装制板的基本原理和方法，具有人体测量能力	掌握服装结构设计的基本知识	具有熟练手绘服装效果图及款式图的能力	掌握服装机械设备的使用方法，具有熟练制作各类服装部件的能力
		人物动态速写					
		时装画技法					
	设计基础模块	服装制板基础					
		服装色彩					
		服装工艺基础					
		服装机械设备使用					
专业技能模块	女装模块	女装款式设计	具有熟练使用Photoshop/CorelDRAW等设计软件绘制图稿的能力	具有鉴别服装材料的能力	具有根据服装流行趋势设计构思成衣的能力	具有女装设计、制板、制作的能力	具有立体裁剪制作服装的能力
		女装工业制板					
		女装工艺制作					
		计算机辅助设计					
		女装立体裁剪					
	男装模块	男装款式设计	掌握男装设计的知识和工作原理	掌握男装制板的知识和工作原理	掌握男装制作的知识和工作原理	具有男装设计、制板、制作的能力	具有较强的自学能力、适应能力和社交能力
		男装工业制板					
		男装工艺制作					
		男装立体裁剪					

名称	模块单元		单元模块应具有的知识、能力、素质结构				
专业技能模块	童装模块	童装款式设计	掌握童装设计的知识和工作原理	掌握童装制板的知识和工作原理	掌握童装制作的知识和工作原理	具有童装设计、制板、制作的能力	具有较强的自学能力、适应能力和社交能力
		童装工业制板					
		童装工艺制作					
		童装立体裁剪					
	训练模块	服装款式设计与企划	具有服装品牌策划和产品开发陈列、展示能力	掌握服装生产管理知识，具有组织生产的能力	具有借助计算机熟练进行服装结构设计的能力	具有服装生产成本核算、定价、工艺单编制的能力	具有较强的组织管理能力
		服装工业制板					
		服装成衣缝制					
		服装CAD					
		服装生产管理					
	顶岗实习	毕业设计作品制作	具有良好的沟通与协调沟通能力	具有分析和解决问题的能力	具有获取信息的能力和创新能力	热爱服装职业，爱岗敬业	通过国家职业资格证（三级）考试
		企业见习					
		顶岗实习					
		毕业实习					

2. 项目模块化教学主干课程教学目的与参考学时对照（表7-2）

表7-2 项目模块化教学主干课程教学目的与参考学时对照表

序号	主干课程名称	教学目的	参考课时	
			理论	实践
1	服装美术基础	本课程着重培养学生的服装美术观察能力、表现能力、想象能力和创造能力。通过服装素描训练，提高学生观察理解和认识物象的本领，培养学生准确概括和整体描绘对象的能力。理解情感表达的形式美，提高服装美术修养和审美水平	44	68
2	服装画	本课程着重培养学生对服装款式图的造型能力，了解人体与服装的关系、时装画的技法表现及各种服装材料的表现方法，注重培养学生的创造性思维与技法表现能力	20	52
3	服装材料	本课程着重培养学生掌握服装面料和辅料的分类、品种和性能以及面辅料对服装设计与使用的影响；了解服装材料的检测、分析了解方法掌握服装材料的选择和使用方法；了解服装材料的发展趋势，为学生在未来从事服装工作打好基础	40	20
4	时装画技法	本课程着重培养学生服装绘画能力，掌握好人物的形体比例，解剖结构，动态规律，动作的变化特征；掌握服装与人体关系，服装款式的基本体现；掌握各种绘画手法及表现技法。通过专业化的指导和丰富的设计实例来帮助学生绘制成衣及高级服装的技法，从而激发学生的艺术灵感，帮助学生进行服装设计	30	66
5	成衣款式设计	本课程着重培养学生服装设计的基本原理与技术，包括服装的造型设计原理、服装设计的创作思维、服装设计面料与色彩以及各类服装的设计技术等，以及时装款式流行规律和预测、服装信息的收集与分析方法等。通过利用服装设计理论、结构设计法则和各类服装的设计方法及要求，结合市场状况和流行趋势预测，进行不同种类风格的成衣设计训练，在设计中充分考虑服装工业生产的特性，注重样板和工艺的结合，即作品向产品的转变，能够把设计的意图转化为实物，设计出符合消费要求的服装	30	84

续表

序号	主干课程名称	教学目的	参考课时	
			理论	实践
6	服装结构制图	本课程着重培养学生掌握服装结构设计的基本原理、变化方式和基本技能。通过本课程的学习，使学生了解人体与服装结构的变化规律，了解各种服装款式间的结构区别与联系，使学生能依据服装款式及材料的特点较熟练地掌握一般上、下装的制板方法，具备独立完成制板的能力	30	84
7	服装工业制板	本课程通过理论学习与实践训练，使学生能独立制作出符合工业生产要求的样板，并能推出不同号型服装的工业样板，使学生了解服装工业纸样的规范与制作过程，掌握服装工业纸样制作与缩放的基本方法和技巧，使学生能依据服装款式及材料的特点较好地掌握各类服装款式的纸样设计，以适应企业对服装技术人才实用性的需求	30	80
8	服装缝制工艺	本课程着重培养学生了解服装缝制设备使用和保养，服装缝制工艺的技术规程，服装生产工艺流程等知识。并通过裙子工艺、裤子工艺、衬衫工艺、女式西服工艺的学习，使学生系统地掌握制作工艺的内在规律，掌握各类服装及部件的缝制方法、步骤、技巧以及各种面辅料搭配的工艺应用，具有缝制各种服装的能力	20	90
9	电脑辅助设计	本课程通过对电脑辅助设计软件CorelDRAW、Photoshop、Illustrator的学习，使学生能熟练掌握图像处理、图像合成、图形绘制等电脑操作技术进行服装款式图与效果图的表达	30	55
10	服装CAD	通过本课程学习，使学生系统掌握服装CAD技术的主要操作技能，熟练掌握服装衣片结构设计、推放及排料等操作技能；能借助辅助设计系统，快速、准确地进行服装CAD工业样板设计。培养学生利用计算机进行服装设计制作的能力。使学生掌握利用计算机进行样片的服装结构设计、工业制板及放码、排料等操作	30	55
11	服装营销	通过本课程学习，使学生树立现代营销观念，较系统地掌握服装营销管理的基本理论，为成为能运用现代营销策略的管理人才奠定基础。要求学生掌握服装营销管理的基本理论、现代服装电子商务、物流管理知识。并在学习过程中参与服装市场调查研究和案例讨论，以提高其实际操作能力	20	56
12	服装质量管理	通过本课程的学习，使学生了解服装品质管理的基本知识。掌握服装成衣检验、服装质量控制、企业质量管理流程、服装订单工艺文本的编制、客户对供应商的评估、质量成本管理、质量统计工具、全面质量管理的基本管理理念及管理方法	25	40
13	服装生产管理	通过本课程的学习，要求学生了解生产计划的制订、工艺单制订、质量与检验、成本分析的方法。要求学生掌握裁剪工艺、缝制工艺、整烫工艺、包装工艺等整个服装生产流程相关技能。课程内容以质量管理为中心，突出生产过程管理和生产现场管理	25	40
14	服装色彩与图案设计	通过本课程的学习，训练学生掌握服装色彩和图案设计的基本概念和规范，提高学生审美能力和实践表达能力，把握服装色彩的流行趋势。让学生掌握色彩三要素之间的关系及色彩规律，了解服装色彩的特性以及服饰色彩的对比与调和；熟悉服饰色彩的审美形式原则，能根据服装造型特点和色彩的心理、感情作用，充分发挥想象力，熟练运用色彩美的各种方法大胆进行服装配色；加强现代审美感，把握流行色彩的时代脉搏，确立服饰色彩的流行意识	26	52

续表

序号	主干课程名称	教学目的	参考课时	
			理论	实践
15	服装立体裁剪	通过本课程的学习，让学生掌握立体裁剪的构思和方法，掌握立体裁剪的操作技能，了解服装与人体的关系，加深对人体结构的认识和对平面结构知识的理解，掌握平面裁剪与立体裁剪的关系和区别。要求学生能运用立体裁剪技术进行服装款式设计和结构设计	20	60
16	服装英语	服装英语是针对已完成基础英语课学习后的服装工程和设计专业学生，结合本专业内容而开设的一门外语课程。通过巩固和提高英语的听、说、写能力，使学生掌握阅读服装专业的英文资料和一般服装英文资料的能力	52	
17	服装陈列	通过本课程的学习，让学生了解服装陈列、服装店铺、服装卖场、服装会展展示设计的应用知识。使学生掌握有关服装展示的多类手段、相关原理和方法，引导学生综合理解服装展示空间的功能区分和类别，以及在平面、空间、动态上的多种展示方式，培养学生根据不同要求和条件进行服装陈列展示构想、创意、表现的系统设计能力与协作能力	25	50
18	服装概论	通过本课程的学习，让学生了解服装的基本概念和基本性质，服装的发展、构成、设计的基础内容，再以现代服装产业为核心展开对其他学科的探讨。通过学习促进服装学生对服装概论有各全面的认识和理解，要求学生能很好地应用于实践，并能综合运用理论知识分析和解决实际问题	52	

三、项目模块化教学优势

1. 传统模式教学与项目模块化教学优势与区别对照（表7-3）

表7-3　传统模式教学与项目模块化教学优势与区别对照表

序号	传统模式教学	项目模块化教学
1	以教学任务为中心	以学生为中心
2	目的在于传授知识和技能	目的在于运用已有技能和知识
3	以老师教为主，学生被动学习	学生在老师的指导下主动学习
4	学生听从老师的指挥	学生可以根据自己的兴趣做出选择
5	外在动力十分重要	学生的内在动力充分得以调动
6	老师挖掘学生不足点以补充授课内容	老师利用学生的优点开展活动式教学
7	不能与现实生活紧密联结	能与现实生活紧密联结
8	不能培养学生的多种能力	能培养学生的多种能力
9	容易产生厌学情绪	有主动学习的热情
10	不能获取职业综合技能	能获取职业综合技能

2. 实施项目化模块教学对备赛和教学质量提升的意义

（1）通过实施项目模块化教学，方便选拔备赛选手。

通过项目模块化教学两个月后，可以对全校（或全班级）服装专业学生进行模拟大赛选拔。选拔一组优秀的学生进行针对大赛竞赛项目强化训练，这样更有获得好名次的把握。

（2）通过实施项目模块化教学，让备赛选手集训与正常上课两不误。

用传统的教学模式，容易出现"精英式教育"和实训备赛选手不能正常上课等问题，通过实施项目化教学，可以让实训备赛选手与其他同学一起上课学习和实训。这样可以激发备赛选手更加主动的学习热情。国家举办大赛的目的就是促进职业教育课程和体制的改革，通过实施项目模块化教学，不仅可以训练选手，同时也能提升整体教学质量。

（3）通过实施项目模块化教学，全面培养学生多种能力。

项目模块化教学目的在于培养学生的自学能力、观察能力、动手能力、研究和分析问题的能力、协作和互助能力、交际和交流能力以及生活和生存的能力。每个项目团队中的学生成员可按个性和能力特征向不同知识和能力结构发展，实现个性化、层次化培养目标。因此，项目模块化教学法不仅完成了提升学生能力的教学目标，也能完成培养学生综合素养的目标。

（4）为专业技能教育服务。

打破传统的学科体系，实施项目模块化教学法，使教学不再呆板地强调学科自身的系统性、完整性，而更注重知识的行业性、实用性和各种知识的联系性，并能较好解决基础课为专业课服务之间的关系及专业理论知识，为技能教育服务。

（5）完全模拟企业生产运作模式，进行项目化的教学。

在教学实施过程中，模拟服装企业生产运作，通过项目模块化教学，将教学流程改成：款式图构思与设计→服装样板制作（包括手工或服装CAD进行样板制作、立体裁剪）→样衣缝制→模特试穿看效果→修改样板并重新缝制样衣→编制工艺制单（生产技术文件的编制）→生产准备→裁剪工艺→缝制工艺→验熨烫工艺→成品检验→整理包装与储运，以此更贴近企业工业化生产流程。经过同种形式的循环练习，不仅使学生锻炼了动手能力，掌握了缝制技能及专业理论，而且有助于提高学生的分析、应变和解决实际问题的能力。同时培养了学生团队协作精神，增强学生适应企业需求的能力。

（6）通过实施项目模块化教学，推动教学改革。

引用项目化模块教学可以帮助教师实施整体教学，推动教研教改及课程设置改革。项目活动的实行要求教师灵活掌握时间，仔细观察每个学生的学习进展及兴趣发展，掌握每个学生的特点并相应设计出既发展个性又注重全面平衡的教学方案。

第二节　选手技能模块化训练

技能模块化训练的出发点在于用最短的时间和最有效的方法促使学生职业技能的形成。为了最优化地达到模块的教学目标，在一个模块里应该尽可能安排不同的教学方式（如讲课、练习、实操训练、研讨会等）进行混合。服装设计制作模块化教学，学校应该就模块的内容积极组织涉及服装专业教学的所有授课教师共同商讨决定，通过协调，完成整个模块化教学。针对全国职业院校技能大赛中职组服装设计制作竞赛项目，进行技能模块化训练，使选手快速提高应赛能力。本节主要针对全国中职组服装设计制作竞赛项目中的服装工艺单技能模块来训练，以供参考。

一、实训时间

3小时。

二、实训举例款式

实训款式如下图所示。

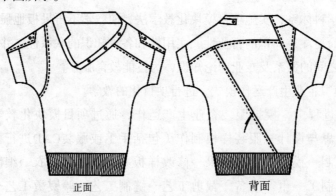

正面　　　　　　　　　　　　背面

实训举例款式图

三、实训要求

（1）根据实训举例款式造型，利用大赛指定的富怡工艺单软件进行工艺单设计。

（2）分别绘制出款式图、工艺制单。

（3）工艺单的文字内容主要包括品名、型号、款式规格、面料、颜色、工艺说明、数量、工艺要求等。

四、实操训练

工艺制单和面/辅料用量明细表见表7-4、表7-5。

表7-4　工艺制单

深圳市××时装有限公司——生产工艺单

设计师		制板师		工艺师		单位		cm
款号	C0000096	制单号	C0096	款式	Tᴄ	制单日期		2012-05-09

下单细数						布样	款式图

颜色	S	M	L	XL	合计
白色					700
黑色					500
蓝色					600
绿色					600
比例	1	3	4	4	
合计	请按以上比例分配				2400

布样：（略）

款式图：正面　背面

成衣尺寸表

部位	度量方法	S	M	L	XL	部位	度量方法	S	M	L	XL
衣长	领肩点至底边	56	57	58	59	胸围	全围	96	100	104	108
摆围	全围	76	80	84	88	袖长	袖顶至袖口	26.2	27	27.8	28.6
袖口	全围	33	34	35	36						

工艺要求

裁床	面料先缩水，松布后24小时开裁，避免边差、段差、布疵。大货测试面料缩率后按比例加放后方可铺料裁剪。倒插排料单件一个向
粘衬部位（落朴位）	前领、后领、袖串带粘衬。粘衬要牢固，勿渗胶
用线	用线：底、面用配色细线　针距：暗线：11针/2.5cm
缝份	1.整件缝份按M码样衣缝份制作，拼缝顺直平服，所有明线线迹不可过紧，要美观，压线要平服，不可起扭，线距宽窄要一致。小心纵纹拼缝不可拉松 2.所有缝份三线绷缝打边，打边线路要好
前、后片	拼接前肩及后片分割缝平服，不可拉松，缝份均压止口线，后左下按刀口车活褶
袖子	1.对位刀口装右袖圆顺，压止口线 2.袖口按净样包烫，装袖口压止口线，底面止口要一致，完成袖口不可扭，反折位宽窄要一致，左右对称，袖底钉针 3.按实样做运反，一周压止口线，袖子平服不可外露缝份，按点位钉串带，压0.6cm宽单线，内不可见毛头，完成左右对称
领子	前后领按净样包烫，前领做运反，前领圈修顺后按对位点装领圆顺平服，一周压止口线，底面止口一致，不可以外露缝份。注意：内止口要修一致，左肩领口做开口，肩处做光不可见毛头
下摆	按对位点装下摆，吃势均匀，下摆不可宽窄，纹路要直（下摆用针织布）
整体要求	整件面料不可驳线、跳针、有污渍等，各部位尺寸与工艺单尺寸表相符，里料内不可有杂物。面料较薄，换进口圆头针做，不可抽纱
商标吊牌	1.商标绣于后中领下居中，绣四边（跟样衣，用大唛头） 2.尺码标于商标下居中 3.成分标绣于穿起左侧上12cm处

工艺要求	
锁钉	钉组×6（要牢固）
后道	修净线毛，油污清理干净，大烫全件按面料性能熨烫，要求平挺，小心不可起极光
包装	单件入一胶袋，按分码胶袋包装，不可错码
备注	具体工艺做法参照纸样及样衣，如做工及纸样有疑问，请及时与跟单员联系

表 7-5 面/辅料用量明细表

深圳市××时装有限公司——面/辅料用量明细表

款式	T恤	面料主要成分					款号	C0000096
名称		颜色搭配	规格（M）	单位	单件用量	用法	款式图（正面）	
钻石绸面料		玫红		m				
		绿色		m				
		黑色		m				
		蓝色		m				
衬料		白色		m				
细罗纹		配色		m		下摆		
金属纽扣		黑色	24#	粒	5+1备纽			
商标				个	1		款式图（背面）	
尺码标				个	1			
成分标				个	1			
吊牌				套	1			
包装胶袋				个	1			
							辅料实物贴样处	

具体做法请参照纸样及样衣					
大货颜色	下单总数	用线方法			
白色	700	面料色	面线		底线
黑色	500	402#配色线			
蓝色	600				
绿色	600				
备注					
设计部		技术部		样衣制作部	
材料管理部		生产部		制作日期	

第三节 选手心理素质训练

技能竞赛不仅是技术的较量，而且还是心理素质的抗衡。竞赛选手不仅要有夯实的专业技能和良好的身体素质，还要有良好的心理素质。竞赛选手心理状态对比赛有很大影响。近几年，全国职业院校技能大赛中职组服装设计制作竞赛，好多选手在比赛和训练中的心理表现和心理水平还有待提高。如何培养良好心理素质的选手，也是各参赛院校必须考虑的问题。

一、建立良好的应赛心理防御系统

建立良好的心理防御系统对维护个体心理健康有重要作用。指导老师应积极对备赛选手心理应对与调节的策略等方面进行分析探讨，认真落实对备赛选手心理健康教育、心理辅导、心理咨询与治疗工作，使备赛选手发挥自身心理防御机制的积极能动因素，转化和克服消极被动因素。

1. 培养良好的心理素质

选手赛前的心理训练准备对创造优异成绩具有显著作用，只有充分做好赛前的心理准备，才能在比赛中更好地发挥个人潜能，争取比赛胜利。否则，赛前无心理准备必然造成混乱局面，这就不可避免地导致失败的后果，赛前的专业技能训练期间必须插入一些心理素质训练。

2. 模拟竞赛练，增加选手应赛的心理素质

在平时集训中，好多选手没有心理和时间上的压力。学校可以每周采取一次模拟竞赛，让选手完全处于竞赛的状态。一些心理素质差的选手往往会出现不同程度的紧张，影响比赛正常发挥，模拟竞赛就是在赛前的训练中加入模拟竞赛练习，并在练习中让全校（全班级）所有服装专业学生一同参加竞赛，让备赛选手对模拟竞赛中所发生的问题做好充足的准备，经过反复练习使其提升心理素质，减少失误概率。

3. 多鼓励备赛选手，树立备赛选手自信心训练

教师在训练备赛选手期间，要多鼓励、多表扬、多指导、多帮助、多关心备赛选手。在备赛训练中，选手选择何种水平的成绩作为自己比赛目标，这在比赛中是一个很重要的问题。经常让备赛选手体验到训练的成功感，是增强备赛选手心理能量储备、提高专业技能行之有效的方法。辅导教师要根据每位备赛选手的自身情况出发，制订合理的比赛目标，通过训练给选手树立必胜的信心。

4. 树立备赛选手拥有平常备挫的心态

在过去的比赛中好多选手看到自己没有赛出好的成绩时，出现了伤心痛哭、绝食、身心崩溃等极端行为，这些行为极大地伤害了选手。这也是好多教师只重视辅导学生进行备

赛的技能训练，而忽视了备赛选手如何有一颗平常的心态去面对挫折和失败导致的结果。通常一个人身处顺境时，是很难看到自身的不足和弱点，唯有当他遇到挫折和失败后，才会反省自身，弄清自己的弱点和不足以及自己的理想、需要同现实的距离，这就为其克服自身的弱点和不足、调整自己的理想和需要提供了最基本的条件。

当选手没有赛出理想的水平时，辅导老师不要责怪学生，这时要更加关心学生，要帮助学生认真分析参赛失败的原因，以便在下一届赛前训练中，正确地采取应对的方法。帮助学生树立"退一步会海阔天空"备挫心态。让学生姿态高一些，眼光远一点，从长计议，不在一时一事上论长短。

二、赛前心理调适训练

每年7月份全国各地的选手经过长途跋涉赶到天津市，选手一到天津，从生理、心理上已经完全投入到比赛中。有些选手由于心理准备不充分导致赛前紧张，常常表现为情绪不稳定、过度紧张、生理过程变化异常、呼吸急促、心率加快、血压上升、失眠等，以上现象直接会影响选手水平的正常发挥。这时必须给选手建立信心，不受外界干扰，注意力高度集中，使他们有良好的心理素质。辅导老师可以带选手去竞赛场地适应场地和比赛气氛，以缓解选手紧张情绪。

1. 明确比赛目的，端正比赛态度

赛前如果比赛目的不明确，缺乏应有的责任感，便会信心不足，斗志不强，遇到困难畏缩害怕，心神不安，比赛时便会紧张，技能不能充分发挥。选手只有明确比赛任务的深远意义，才会加强责任感，知己知彼，掌握客观情况，提高应变能力，发挥勇猛顽强的拼搏精神，最终战胜困难。

2. 过度紧张的预防

在面临比赛时选手产生过度紧张的现象是多种多样的。这些选手本人是可以感觉到的，同时辅导教师也可以观察到。辅导教师应集中选手，向他们讲解缓解赛场上情绪紧张的对策。

3. 赛前心理减压训练

首先，辅导教师要分析和理清选手产生压力的诱发因素。找到了产生压力的根源后，就知道如何下手去解决问题，这样可以把压力变成正向的积极因素。其次，要帮助选手调整认知，启发引导他们看淡名次，要学会把参加大赛仅仅当成是一次普通比赛，甚至当成是平时的训练。辅导教师可以通过一些互动的游戏缓解选手的压力。最后，要让选手正视失败，虽然平时训练要有自信，但也得有正视失败的心理准备。当选手能平静地面对失败时，还有什么心理压力呢？这样他们反而能够轻松上阵。

三、竞赛技巧传授，让选手拥有必胜的信心

辅导教师要集中参赛选手讲解一些竞赛技巧和方法。例如，要让选手不要一进考场

就开始应赛。首先要看清竞赛项目的比赛规则、赛题要求。特别是服装CAD样板制作的竞赛。好多选手一看到比赛的款式，不加任何思考，就开始运用服装CAD进行样板设计。比如，好多选手没有考虑样板设计是收省还是转省分割处理的好，当样板制作一半时，发现自己的衣身平衡和省量没有处理好，又重新开始进行样板设计，结果因为时间来不及，而没有赛出好成绩。所以，在赛前，辅导教师要集中参赛选手讲解一些应赛技巧，让选手在比赛时发挥自己的最佳水平。

在全国性的专业竞赛中，心理训练作用越来越得到重视。只有尽快掌握心理训练的手段和方法，才能更好地发挥选手的潜能。同时，辅导教师在平时训练中要更多地了解选手的个性，形成一定的心理默契，为心理训练打下良好的基础。使选手掌握夯实的专业技能和保持良好的心理素质，是获得决赛好成绩的根本保障。

附录

附录 1　服装 AQL 检验应用细则

一、AQL 检查概述

　　AQL是英文Average Quality Level的缩写，即平均质量水平，它是检验的一个技术参数，而不是标准。验货的时候，要根据批量范围、检查水平、AQL值来决定抽样的数量和合格与不合格产品的数量。服装质量检查采用一次抽样方案，服装批量的合格质量水平（AQL）一般可取2.0%、2.5%、4.0%，AQL值取于产品价格与款式。

二、服装检查的项目

　　1. 尺寸外形检查
　　检查尺寸外形要参照尺寸外形表。
　　（1）关键部位规格尺寸：衣领长（平织）、领宽、领围（针织）、领展（针织）、袖长（至袖口）、后中长（平织）、腰围、臀围、前裆弧长、后裆弧长、拉链长、裤脚口、内长等部位规格尺寸。
　　（2）非关键部位尺寸：肩高点、胸高、领宽、袖片、腰内围、平袋位、开口。

　　2. 疵点检查
　　对所有服装的外观等不合格的地方找出的疵点都分别归类。

三、评分标准

　　AQL是百件服装内最大的疵点积分数，它是根据抽样检查后，达到合格判定数Ac（件），认为此服装批量（件）平均加工水平为满意；达到不合格判定数Re（件），认为此服装批量（件）平均加工水平为不能接受的水平。对于检查过程中评分的标准说明如下：

　　1. 一般疵点
　　一般疵点是指从订单的组织规格和质量标准出发，没有达到产品的相关标准，影响成衣的外观和内在的疵点。非关键尺寸点，一般疵点返修能消除疵点对成衣的外观和内在的影响。如果在此疵点基础进行返修的成衣，出货前一定要做100%的再检查，检查者可以限定检查的特定规格、颜色、尺寸等。三个一般疵点折算为一个严重疵点。

　　2. 严重疵点
　　严重疵点是指严重影响成衣的外观和外形的疵点。如破损、污渍、色差、破洞等严重疵点。发现一个严重疵点，则判定此件服装不合格或不可接受。

四、三步检查法

1. 生产前检查

生产前检查是产前的查看，对特定规格或对公司普通要求进行核对。第一次与工厂的会面非常重要，目的是为了同工厂一起建立质量保证系统，使每个部门有最新的资料。比如检查的重点是：辅料包装、商标、印花花型、颜色标准、重新核对规格表及所有相关资料。

2. 生产时检查

确定第一件或第一批流水出来成品之后抽样检查成品，检查内容：尺寸、颜色、设计、材料、手工、商标、包装等，如果有问题发生，应把信息反馈到生产部，要他们重新检查并更正。

3. 最后成品检查

一般生产至少80%产品已经完成，并包装好等待入库，被查样品须从完成的成衣中选取。如果检查未能通过，工厂需负100%的责任，对这批成衣进行100%的检查，同时报告给客户最终的返工情况，所有开支与返工而发生的费用，应由生产企业负责。最终验货报告确定：箱唛准确，纸箱毛重、尺寸，货物净重，最终尺寸、颜色搭配情况，最终检查表。

五、检针检验

由于生产过程中管理不善，服装等缝纫制品中往往会有残断针（包括缝针、大头针等）存在。20世纪80年代，因服装中残断针所造成的消费者伤害事件频频发生，服装进口商为了避免因残断针造成经济损失，不仅要求生产商在产品出厂前进行检针，还专门设立检品工厂从事检针工作。对经检针合格的产品，悬挂或加贴检针标志。

六、服装测试检验

服装检验需要显示布料已做过测试。

服装测试方法如下：

（1）由检查者从大货中抽出。

（2）与大货相同的，同等质量样品组的服装做测试。

（3）用标准成衣水洗测试方法，由工厂自己做测试。

（4）最终实验必须由验货员自己查看，是否有违反规定的设施，如果有的话，应该写上详细的观察报告给客户。

七、严重疵点

（1）疵点影响服装的成衣质量的，在此基础返工的服装，成衣的面料颜色超过规格要求范围，或者超过对照色卡（布样）上的允许范围。

（2）纽扣是否存在漏掉、损坏、缺陷等现象。

（3）衬料必须与每件服装相匹配，不能有起泡、起皱等现象。

（4）拉链要与面料颜色相匹配。拉链车缝不宜太紧或太松，以免造成拉链两侧凸起和口袋等不平。

（5）成品包装是否符合要求。

附录 2 服装车缝工艺专业术语对照表

序号	工艺专业术语	注解	示意图
1	拼（接、合）	将两块衣片拼（接）合缝在一起	
2	绱（装）	将一块衣片与另一块衣片缝合在一起。如绱袖、绱领	
3	压（缉）	指缉（压）明线。将两片衣片互相重叠后缉（压）明线，也可以用于衣身上装饰缉线	
4	车（缝）	是最普通、最常见拼缝方式。指两层或两层以上的衣片正面相对叠合在一起，上下互不松紧地缝合。是将缝料正面相对，在反面缉线的方式。若将缝头用熨斗或指甲向两边分开，则称之为分开缝或劈缝；将缝头向一侧烫倒，则称之为倒缝	
5	贴（落）	将一块局部衣片贴（附）在衣身上。如贴袋	
6	夹	两片夹一片包缝。外包缝又叫正包缝，常用于男士两用衫、西裤、夹克衫、风雪大衣的缝合，正面有两条缝线（面线及底线各1条），反面是一根底线。内包缝常用于肩缝、侧缝、袖缝，涤卡或化纤中山装及平脚裤的缝合，正面可见一根面线，反面是两根底线	

序号	工艺专业术语	注解	示意图
7	运反	里对里先拼缝，然后翻过来，缉明线。拼缝之后，可折烫再压（缉）线，如门襟、领子等	
8	烫	指包烫、熨烫。通过加热熨斗烫平面料或对衣片进行定型处理等	

附录3　手工针法操作方法

一、缝针

　　缝针是指针距相等的针法，是手缝针法中最基本的针法，也是其他各种针法的基础。该针法可抽缩，常用于服装袖山、口袋的圆角等需收缩或抽碎褶之处。

　　1. *方法*

　　如附图1所示，取两块30cm×15cm的面料，上下重叠。选用6号针穿上线，线头不打结，针距0.3cm，在连续5针或6针后拔针。

　　2. *要求*

　　针迹均匀整齐，线迹顺直，平服美观。

二、定针

　　定针也称假缝针或定针，也是临时固定的针法。针法与缝针相似，只是针距按缝制要求，可疏可密。该针法常用于两层或多层布料缝合工序前的定位，在缝合工序完成后可将寨线抽掉；还用于服装的底边、止口、敷牵带等部位。

　　1. *方法*

　　如附图2所示，取两块30cm×15cm的面料，上下重叠对齐。选用6号针穿上线，左手压住待缝布料，右手持针，向下使针尖穿过布料，针距一般不超过0.5cm。

　　2. *要求*

　　线迹均匀顺直，松紧适度。一般用单根白棉线。

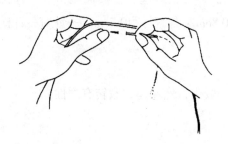
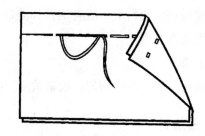

附图1　缝针　　　　　　　　　　　　附图2　定针

三、打线丁

　　打线丁是指用白棉线在衣片上做出缝制标志。一般采用白棉线，因为棉纱线软而多绒毛，不易脱落，且不会褪色污染面料。该针法多用于服装缝制工艺中做缝制标志。

1. 方法

如附图3所示，针法与定针相似，一般用双线，连续两针再移位、进针。浮在面料表面的浮线距离一般为4～6cm。剪线丁前先把叠合的线丁拉松，上下层衣片间的缝线拉长约0.3～0.4cm，用剪刀头去剪。剪刀要放平，防止剪破布片，用手按一下线丁，可防线丁脱落。

2. 要求

上下层面料要重叠对齐，不能移动；缝线顺直、位置准确、松紧适度。直线处线丁打得稀疏些，转弯或关键部位打得密些。

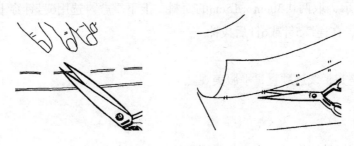

附图3　打线丁

四、纳针

纳针也称扎针、八字针，是一种将多层布料牢固扎缝在一起的针法。该针法常用于扎驳头、领头、垫肩等，使之有里外匀窝势。

1. 方法

如附图4所示，衣片正面朝上，左手将驳头驳转，驳头衬向上，左手中指顶足，大拇指将驳头衬向里推松。右手扎针时针脚缲牢正面1～2根纱丝，使反面见密点状针花，但不能见线迹，面料上不应有漏针和涟形。针距0.8cm左右，行距0.5cm。一针对一针横直对齐，形成八字形。

2. 要求

针距一致，线迹均匀，松紧适度。扎针后，驳头自然卷起，驳转有弹性。

五、三角针

三角针也称黄瓜架或花绷。该针法常用于服装折边、脚口、商标边沿等。

1. 方法

如附图5所示，针法从左上至右下，里外交叉。上针缝在面料反面，离贴边边沿0.1cm，只能缝牢1～2根纱，正面不能露针迹。下针缝在贴边正面，离贴边边沿0.5cm处。针距0.8cm左右，针迹呈V形或X形。

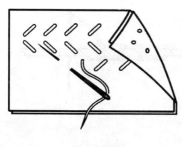

附图 4 纳针

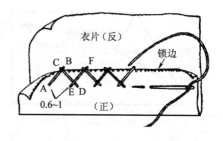

附图 5 三角针

2.要求

线迹呈交叉三角形，针距及夹角均匀相等，排列美观整齐；将折边缝牢固，缝线松紧适度，布料表面平服。

六、回针

回针也称顺勾针，是进退结合的针法。该针法常用于对面料的加固。

1.方法

如附图6所示，自右向左运针。针、线在布料上面时，先向右退半针将针扎到布料底面向左一针的距离，再将针穿出，再向右退到前半针的位置向下扎针，如此重复。

2.要求

线迹松紧适度、均匀顺直。

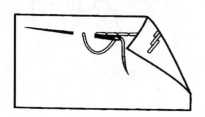
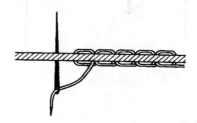

附图 6 回针

七、倒勾针

倒勾针常用于袖窿、领圈、裤裆等斜丝容易还口的部位，以加强牢度。

1.方法

如附图7所示，自左向右运针。针法一般是向前缝一针0.3cm，再向后缝1cm，也可以适当地调整向前、后缝的针距。每针缝线的松紧度可按衣片各部位归紧多少的需要，灵活掌握。

2.要求

线迹松紧适度，均匀顺直。

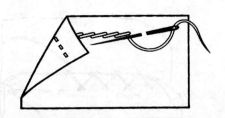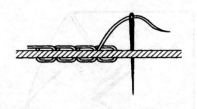

附图 7　倒勾针

八、环针

环针是指毛缝口环光的针法，作用与拷边相同。该针法常用于服装剪开的省缝或容易散开的毛缝。

1. 方法

如附图8所示，自右向左运针，针距0.7cm左右，距衣片边缘0.3~0.5cm处由下向上出针，拔针后向左移针，再由下向上出针，拔针时绕过手针，锁住布边。

2. 要求

缝子一般环牢0.6cm，省尖处只能环牢0.3cm。线迹均匀整齐、松紧适度。

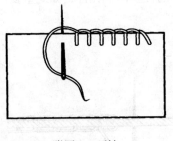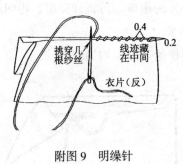

附图 8　环针　　　　　　　　　　附图 9　明缲针

九、缲针

缲针分为明缲针和暗缲针。

1. 明缲针

明缲针是指线缝略露在外面的针法。该针法常用于服装的底边、袖口、袖窿、领里、裤底、膝盖绸等。

（1）方法：如附图9所示，可将相缝合的边缘竖起来进行缲针，衣片面、里均可露出细小针迹。正面只能缲牢1~2根纱丝。

（2）要求：缝线松紧适宜，针距0.3cm左右。

2. 暗缲针

暗缲针是指线缝在底边缝口内的针法。该针法常用于西服夹里的底边、袖口、毛呢服装底边的滚条贴边等，也可用于服装边面镶拼装饰片的固定。

（1）方法：如附图10所示，衣片正面只能缲牢1根或2根纱丝，不可有明显针迹。

（2）要求：夹里底边和贴边都不露针迹，线缝在折边内。缝线略松，针距0.5cm左右。

十、串针

串针也称暗针，该针法常用于西服与挂面串口处的缝合，尤其适用于领与驳头对条对格要求。

1. 方法

如附图11所示，针迹在缝子夹层内，上下对串，正面不露针迹。

2. 要求

针距0.3cm左右，上下松紧适宜，不涟不涌，串口顺直。

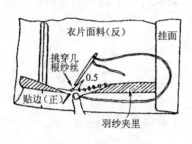

附图 10　暗缲针

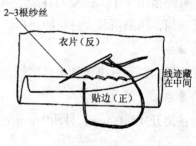

附图 11　串针

十一、缲针

缲针是指牵带布缲在衬料上的针法。该针法常用于前衣片胸衬止口，驳口线的牵带，或其他敷牵带部位，如背衩、底边处等。

1. 方法

如附图12所示，针由外向里斜入，如直接缲住面料，只能缝牢面料1根或2根纱丝。

2. 要求

针距0.8cm左右，线要宽松。

十二、反缲针

反缲针是指衬料缲在面料上的针法。该针法常用于前衣片胸衬止口，驳口线的牵带，或其他敷牵带部位，如背衩、底边处等。

1. 方法

如附图13所示，线结缝在衬料上，翻开衬料，缝牢面料1～2根纱丝，再倒退缝牢衬料与面料。

2. 要求

线要宽松，针距2cm左右。

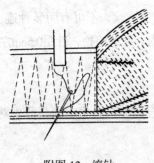

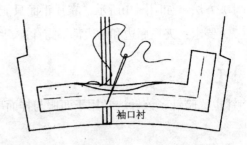

附图 12　缭针　　　　　　　　　　　　附图 13　反缭针

十三、拱针

拱针是指用于手工拱缝的针法。该针法常用于西服驳头以下的反面至口处；现在也有用作装饰用，拱满西服大身正面止口。

1. **方法**

如附图14所示，拱针针法是暗针，微露小针迹。

2. **要求**

针迹离开止口0.5cm，针距0.6cm左右；微露的小针迹整齐均匀。

十四、扳针

板针是指止口毛缝与衬料扳牢的针法。该针法常用于西服、大衣等固定止口毛缝。

1. **方法**

如附图15所示，扳针针法与缭针针法相反，针由里向外斜入。

2. **要求**

缝线松紧适宜，针距0.8cm左右。

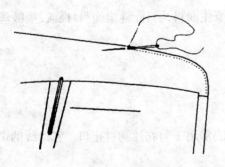

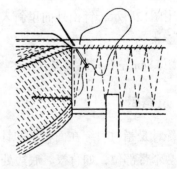

附图 14　拱针　　　　　　　　　　　　附图 15　扳针

十五、杨树花针

杨树花针有二花针、三花针等形式。该针法多用于女装活里和大衣夹里的下摆处，起装饰作用。

1. **方法**

如附图16所示，自右向左运针，与前一针平行，距0.3～0.5cm处将针自上而下扎入，左移一定针距将针挑缝出来，拔针前将缝线套在针下，拔针拉线后使线迹呈"V"字形。

2. **要求**

针距长短一致，松紧适度，线迹美观。

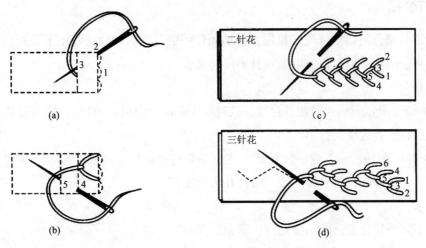

(a)   (c) 二针花

(b)   (d) 三针花

附图 16　杨树花针

十六、拉线襻

拉线襻是钩针针法，在衣片上将缝线连续环套成小襻的针法。该针法常用于扣襻、串带、夹衣活底摆里和面的连接。

1. **方法**

如附图17所示，第一针先从面料反面穿出，先缝两行线，针穿过两行线内，用左手套

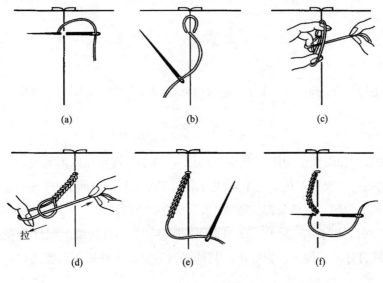

(a)　　　　　(b)　　　　　(c)

(d)　　　　　(e)　　　　　(f)

附图 17　拉线襻

住线圈，左手中指钩住缝线，放开左手套住的线圈，右手拉线，形成线襻。如此循环往复至需要长度，将缝线带出穿过线圈。将线襻尾部固定在要求部位。

2. 要求

拉线襻时双手要配合好，线圈应大小均匀，松紧适度。

十七、打套结

打套结是增强封口牢度或开衩位置起加固作用的针法。该针法常用于开衩口、插袋口的两端和裤子门里襟的封口，以增强其牢度和美观。

1. 方法

（1）如附图18所示，缝两针衬线，线迹长0.6cm，用环针的针法锁出一行排列紧密的线结，最后将针扎入反面打结。

（2）如附图19所示，缝一针衬线，注意不要将针拔出，将线在针尖上缠绕出套结长度。拔出针，拉缝线，捋平缠绕线。将针扎入反面打结。

2. 要求

衬线不宜抽得过紧，线结要整齐、紧密、美观。

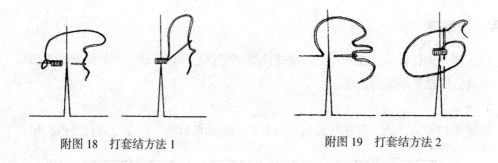

附图 18　打套结方法 1　　　　　　　　附图 19　打套结方法 2

十八、锁针

锁针是把毛缝锁光的针法，具有一定的耐磨性和装饰性。多用于锁扣眼，扣眼有平头和圆头之分。

1. 方法

（1）画扣眼：扣眼大小为纽扣直径加放0.1～0.3cm，按纽扣厚度增减。

（2）剪扣眼：将衣片对折，上下画线对准，不能歪斜，中间剪开0.6cm左右，衣片摊平，沿线剪至画线两端，在纽头部位剪成0.2cm三角形或圆圈形。

（3）打衬线：如附图20所示，在扣眼周围0.2～0.3cm打衬线。起针放在扣眼末端左面夹层内，衬线打好从右面夹层内穿出。衬线松紧适宜，太松则扣眼要还口，太紧则扣眼周围会起皱。

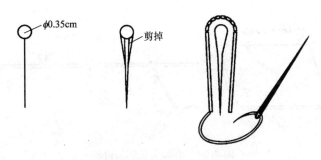

附图 20　打衬线

（4）锁针：如附图21所示，左手拇指和食指捏牢扣眼左边，并将扣眼略微撑开，针从底下的衬线旁穿出，将针尾后的线绕过针的左下方，抽出针，将线向右上方倾斜45°角拉紧、拉整齐。由里向外，由上而下，从左到右锁。针距0.15cm左右。锁圆头时针距适当放大，戳针与抽线必须对准圆心，拉线倾斜角略偏大。拉线时用力均匀，倾斜度一致，使圆头整齐美观。

（5）收尾：如附图22所示，锁眼完成后，尾针与首针对齐，缝两针横封线，再在中间位置缝两针竖封线，将针线插到面料反面打结。

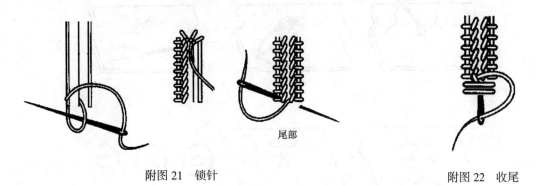

附图 21　锁针　　　　　　　　　　　　　　　　附图 22　收尾

尾部

2.要求

锁平头扣眼用于锁衬衫和内衣的扣眼。平头扣眼不用剪圆头，头尾两端都封口。其余锁法同圆头扣眼。

十九、钉扣

钉扣是把纽扣钉在纽位上。钉扣有钉实用扣和钉装饰扣两种。钉线可用单线，也可用双线。两孔纽扣的缝线只能钉成一字形，四孔纽扣的缝线大多钉成平行二字形或交叉"X"字形、方形。实用扣分为有脚扣和无脚扣两种钉法。

1.有脚无孔扣的钉法

如附图23所示，将针由布料下方向上穿出，然后把针线穿过纽脚孔，再扎入布料，拉紧线，反复4～8次即可。

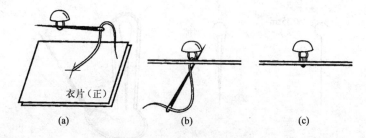

附图23　有脚无孔扣的钉法

2.无脚有孔扣的钉法

如附图24所示，将针由布料下方向上穿出，然后把针线自下而上穿过纽孔，再自上而下由另一个纽孔穿过布料。纽孔与布料之间要留有空隙（薄料0.2～0.3cm，厚料0.3～0.5cm）。重复4~6次缝线，使针停在布面上，用针上的缝线在纽扣与布面之间的缝线上自上而下缠绕，绕满后打结，再将针线引到布料反面打结。对衣料较厚的大衣钉纽扣时，可以在反面垫上衬垫纽，以增加牢度。

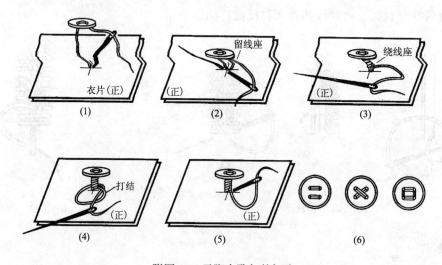

附图24　无脚有孔扣的钉法

附录4 服装常用专业术语对照表

序号	书面叫法	企业叫法	注　解
1	门襟	门筒	也称门贴，指锁扣眼的衣片
2	吃势	容位	工艺要求的吃势：两片拼缝时，有一片根据人体需求，会比另一片长一点，这长出来的部分就叫吃势 非工艺要求的吃势：在缝制过程中，尤其是平绒等面料，上下层之间由于平缝机压脚及送布牙之间错动原因导致的吃势。这种吃势通常是需要尽量避免的
3	串带	耳仔	也称裤耳，指腰头上的串带
4	衬料	朴	指衬、衬料，用来促使服装具有完美的造型，可弥补面料所不足的性能
5	挂面	前巾	也称过面，搭门的反面，有一层比搭门宽的贴边
6	肩缝线长度	小肩	指侧颈点至肩端点的长度
7	育克	机头	也称约克，某些服装款式在前后衣片的上方，需横向剪开的部分
8	松紧带	丈根、橡筋	利用橡筋线的弹性做出抽皱的服装效果
9	劈缝	开骨	指把缝份劈开熨烫或车缝
10	极光	起镜	极光是服装熨烫时织物出现反光反白的一种疵点现象，是指服装织物因压烫而发生表面构造变化所形成的一种光反射现象。会使这些部位衣料纱线纤维及纤维毛羽被压平磨光
11	搭接缝合	埋夹	也称曲腕、三针链缝、三针卷接缝、臂式双线环合缝合等，适用于衬衫、风衣、牛仔裤、休闲装等薄料、中厚料服装加工，以及雨衣、滤袋和不同布料的衬衫、尼龙雨衣、车套、帐篷等厚料制品作业，其悬臂筒形的特殊结构特别适合袖、裤等筒形部位的搭接缝合
12	肩端点	膊头	也称肩头，在服装企业中，膊宽是指肩宽，纳膊是指拼肩缝
13	袖窿	夹圈	也称袖孔，是衣身装袖的部位
14	袖克夫	介英	也称袖口，一般指衬衣袖口拼块
15	臀围	坐围	指服装在人体的臀部水平一周的围度
16	包边条	捆条、滚边条	也称滚条、斜条，用于缝边包缝处理的斜条
17	面料的宽度	幅宽	在服装企业也称布封，指面料的宽度
18	商标	唛头	指服装品牌名称的标志
19	尺码标	烟治	指服装号型规格标志
20	缝份	止口	指在制作服装过程中，把缝进去的部分叫缝份。为缝合衣片在尺寸线外侧预留的缝边量
21	横裆	肶围	指上裆下部的最宽处，对应于人体的大腿围度

序号	书面叫法	企业叫法	注　解
22	绷缝机	冚车	链式缝纫线迹特种缝纫机。此线迹多用于针织服装的滚领、滚边、摺边、绷缝、拼接缝和饰边等
23	打套结	打枣	也称打结，指加固线迹
24	人台	公仔	也称人体模型，是服装制板和立裁的一种工具
25	前裆	前浪	也称前裆，指裤子的前中弧线
26	后裆	后浪	也称后裆，指裤子的后中弧线
27	四合扣	急纽	也称弹簧扣、车缝纽。四合扣靠S型弹簧结合，从上到下分为ABCD四个部件：AB件称为母扣，宽边上可刻花纹，中间有个孔，边上有两根平行的弹簧；CD件称为公扣，中间突出一个圆点，圆点按入母扣的孔中后被弹簧夹紧，产生开合力，固定衣物
28	大衣	褛	指衣长超过人体臀部的外穿服装
29	钉形装饰品	撞钉	服装上像钉子一样的小装饰品
30	拼色布	撞色布	指与主色布料搭配的辅助颜色的布料
31	扣眼	纽门	指纽扣的眼孔
32	风领扣	乌蝇扣	也称风纪扣
33	斜纹	纵纹	经线和纬线的交织点在织物表面呈现45°的斜纹线的结构形式
34	预备纽	士啤纽	也称预备纽扣，指服装上配备的备用纽扣
35	绗棉的裁片	间棉	指棉花或腈纶棉与裁片绗缝
36	黑色布	克色布	指黑色的布料
37	排料图	唛架	指按照工艺要求排列好裁片的排料图
38	袖肥	袖肶	指袖子在人体手臂根部水平一周的围度
39	袖隆深	夹直	指肩端点至胸围线的直线距离
40	对位标记	剪口	也称刀眼，是服装工艺车缝的对位记号
41	布纹线	丝缕线	指面料的直纹纱向
42	肩宽	膊宽	指左右两肩端点之间的水平距离
43	领座	下级领	指翻领的领座部分
44	面领	上级领	指翻领的面领部分
45	洗涤标	洗水唛	指服装织物洗水警示标志

后记

　　在教材的编写过程中，作者努力做到使教材的编写内容中体现"工学结合"，力求取之于工，用之于学。既吸纳本专业领域的最新技术，又坚持理论联系实际、深入浅出的编写风格。并以大量的实例介绍了服装工艺单编写技巧。如果本书对服装教育的教学有所帮助，那将深感欣慰。同时更希望本书能成为服装教育的教学体制改革道路上的一块探路石，以引出更多、更好的服装教学方法，来共同推动中国服装教育的发展。

　　作者长期从事高级服装设计和板型的研究工作，积累了丰富的实践操作经验。为了做好服装教材研究与辅导工作，作者特创立了中国服装网络学院（网址：www.cfzds.org），读者在操作过程中，有疑问可以通过中国服装网络学院向作者求助。中国服装网络学院不定期增加新款教学视频。

　　广西科技职业学院是一所经广西壮族自治区人民政府批准、国家教育部备案设置的具有独立颁发国家承认学历文凭资格的综合性全日制普通高校。列入国家统一招生计划，面向全国招生。服装艺术设计专业欢迎全国考生报考广西科技职业学院。

　　作者联系方式：Email：fzsj168@163.com　18911548978

作　者

2012年05月

中国国际贸易促进委员会纺织行业分会

中国国际贸易促进委员会纺织行业分会成立于 1988 年,成立以来,致力于促进中国和世界各国(地区)纺织服装业的贸易往来和经济技术合作,立足为纺织行业服务,为企业服务,以我们高质量的工作促进纺织行业的不断发展。

✒ 简况

🔊 每年举办(或参与)约 20 个国际展览会
涵盖纺织服装完整产业链,在中国北京、上海和美国、欧洲、俄罗斯、东南亚、日本等地举办
🔊 广泛的国际联络网
与全球近百家纺织服装界的协会和贸易商会保持联络
🔊 业内外会员单位 2000 多家
涵盖纺织服装全行业,以外向型企业为主
🔊 纺织贸促网 www.ccpittex.com
中英文,内容专业、全面,与几十家业内外网络链接
🔊《纺织贸促》月刊
已创刊十八年,内容以经贸信息、协助企业开拓市场为主线
🔊 中国纺织法律服务网 www.cntextilelaw.com
专业、高质量的服务

✒ 业务项目概览

🔊 中国国际纺织机械展览会暨 ITMA 亚洲展览会(每两年一届)
🔊 中国国际纺织面料及辅料博览会(每年分春夏、秋冬两届,分别在北京、上海举办)
🔊 中国国际家用纺织品及辅料博览会(每年分春夏、秋冬两届,均在上海举办)
🔊 中国国际服装服饰博览会(每年举办一届)
🔊 中国国际产业用纺织品及非织造布展览会(每两年一届,逢双数年举办)
🔊 中国国际纺织纱线展览会(每年分春夏、秋冬两届,分别在北京、上海举办)
🔊 中国国际针织博览会(每年举办一届)
🔊 深圳国际纺织面料及辅料博览会(每年举办一届)
🔊 美国 TEXWORLD 服装面料展(TEXWORLD USA)暨中国纺织品服装贸易展览会(面料)(每年 7 月在美国纽约举办)
🔊 纽约国际服装采购展(APP)暨中国纺织品服装贸易展览会(服装)(每年 7 月在美国纽约举办)
🔊 纽约国际家纺展(HTFSE)暨中国纺织品服装贸易展览会(家纺)(每年 7 月在美国纽约举办)
🔊 中国纺织品服装贸易展览会(巴黎)(每年 9 月在巴黎举办)
🔊 组织中国服装企业到美国、日本、欧洲及亚洲等其他地区参加各种展览会
🔊 组织纺织服装行业的各种国际会议、研讨会
🔊 纺织服装业国际贸易和投资环境研究、信息咨询服务
🔊 纺织服装业法律服务

更多相关信息请点击纺织贸促网 www.ccpittex.com